El ADN de la Matemática

El ADN de la Matemática

Escalante Marcelo S.

Prólogo

Stella Alvarado

© Dibujo de la cubierta:
por la artista plástica
Nanni Arienti (NanniA).

AGRADECIMIENTOS

Fueron muchas horas por día, durante muchos días, con las energías puestas en la presente investigación y, es este el momento de pensar en esas personas que tanto me han ayudado a lograr esta obra. Algún ingenioso lector podría pensar en idear una especie de estudio científico que echara luz sobre qué tipo de agradecimiento me correspondería darle a cada una de ellas, ¡pero por suerte eso no existe!, sería una gran injusticia el que inventaran una escala para tal medición, ya que la intensidad de mi agradecimiento es la misma para todas ellas.

Por supuesto, regla número uno, nunca excluir a la familia; claro, se trata ni más ni menos que de aquél núcleo más cercano a cualquier escritor y, más que haber recibido su inestimable ayuda, en todo momento poseyeron la admirable capacidad de soportarme en mi rol de investigador, por lo que va mi primer agradecimiento hacia ella.

Ni que hablar de esos amigos quienes, en cuanto lo ven a uno entrando en un cierto grado de emergencia, entonces allí se harán presente al lado de uno, sin dudarlo un instante; es por ello que agradezco también enormemente, a mi colega docente e inigualable artista y amiga, *Nanni*, quien aparte de regalarme mucho de su valioso e inestimable tiempo para realizar las revisiones ortográficas y gramaticales, sumadas a sus sugerencias y críticas siempre constructivas, y de quien sin sus contactos no hubiera logrado enriquecer seguramente esta investigación al ofrecerme una invaluable logística necesaria para que se movilizara este proyecto.

A la reconocida internacionalmente, argentina ella, escritora, poeta, teóloga y ensayista *Stella Alvarado* quién, a riesgo de conseguir una pequeña mancha en su foja artística intachable, por motivo de prestarme su nombre en esta humilde obra, se ha ofrecido desinteresadamente a ayudarme brindándome una parte de su valioso tiempo y gran sabiduría, es la razón por la cual, no puedo ni debo dejar de nombrarla en estas escuetas líneas.

Un nombramiento muy especial a todos aquellos grandes filósofos, matemáticos, físicos y científicos en general, que hicieron y siguen haciendo historia, tanto hombres y mujeres, anónimos o no y que aún hoy continúan y continuarán iluminando el camino de la ciencia.

Dedicatoria

A mi padre;
a Dora, Estela y Nanni

ÍNDICE:

- **PRÓLOGO** — xi
- **PREFACIO** — xv
- **INTRODUCCIÓN** — 1
    - i- Un recorrido desde lo *"que es matemática"* a *"como se la produce"* — 1
    - ii- Emplazando 4 pilares fundamentales — 3
        - a. ¿Se inventa o se descubre?, los orígenes de este interrogante — 5
        - b. ¿Se inventa o se descubre?, situación actual — 6
        - c. ¿Se inventa o se descubre?, la relevancia de responder — 8
    - iii- Una investigación universal — 9
    - iv- ¡Muchos "¿Por qué?"! — 10
    - v- Reseña introductoria — 11
- **CAPÍTULO I** — 27
    1. MATEMÁTICA: SU NATURALEZA y EVOLUCIÓN — 27
        - 1.1. Un poco de historia — 27
        - 1.2. *Crear* matemática vs. *descubrir* matemática — 30
        - 1.3. Las distintas corrientes de pensamiento — 33
            - 1.3.1. *Platonismo* y el porqué del *Realismo* — 33
            - 1.3.2. *Constructivismo* y el porqué del *Idealismo* — 39
            - 1.3.3. *Constructivismo Realista* y el porqué de su *Dualidad* — 43
            - 1.3.4. Otras perspectivas — 46
        - 1.4. *Síntesis al Capítulo I* — 48
- **CAPÍTULO II** — 51
    2. MATEMÁTICA, OTRAS CIENCIAS y SU MECANISMO DE GENERACIÓN — 51

- 2.1. Matemática: generación — 53
- 2.2. Matemática: evolución — 58
- 2.3. *Síntesis al Capítulo II* — 64

➢ CAPÍTULO III — 65
- 3. INVESTIGACIÓN CIENTÍFICA: EL RESPALDO QUE LE DA LA MATEMÁTICA — 65
  - 3.1. Arreglando desarreglos — 67
  - 3.2. Siguiéndole el rastro a la matemática — 71
  - 3.3. *Síntesis al Capítulo III* — 75

➢ CAPÍTULO IV — 77
- 4. ¿Y SI LA CIENCIA NO ENCUENTRA FUNDAMENTOS EN SU MATEMÁTICA? — 77
  - 4.1. *Síntesis al Capítulo IV* — 88

➢ CAPÍTULO V — 91
- 5. ENIGMAS y ANOMALÍAS EN LA HISTORIA DE LA MATEMÁTICA — 91
  - 5.1. Caso: Programa Espacial Mercury — 92
  - 5.2. Caso: Sir Isaac Newton — 108
  - 5.3. Caso: Albert Einstein — 112
  - 5.4. Caso: Max Planck — 120
  - 5.5. *Síntesis al Capítulo V* — 122

➢ EPÍLOGO — 123

➢ BIBLIOGRAFÍA — 131

PRÓLOGO

La matemática es, esencialmente, una actividad creativa, más que una actividad explicativa o expositiva. Uno de los temas que Marcelo Escalante destaca en el presente volumen, El ADN de la matemática, es exponer la belleza que posee la matemática, comparable a la pintura y la poesía, habida cuenta que, tanto las matemáticas y las artes se encuentran intrínsecamente relacionadas como veremos a continuación.

De hecho, es frecuente encontrar las matemáticas descritas como un arte debido a la belleza o la elegancia de muchas de sus formulaciones, y que además, se puede encontrar fácilmente su presencia en manifestaciones como la música, la danza, la pintura, la arquitectura, la escultura y las artes textiles.

El influjo directo de las matemáticas sobre el arte se evidencia en el uso de herramientas conceptuales como la perspectiva, el análisis de la simetría y en la presencia en diversas obras de objetos matemáticos que han ejercido una especial atracción sobre artistas de distintas épocas, como, por ejemplo la cinta de Möebius, o los poliedros estelados coloridos que Magnus Wenninger creó, originalmente como modelos para la enseñanza.

Desde mi punto de vista, la mayor representación de la relación existente entre la matemática y el arte, se encuentra en el grabado en placa de cobre de Alberto Durero, Melancolía I, (1514). Las referencias matemáticas incluyen un cuadrado mágico, una brújula para la geometría, y un romboedro truncado, mientras que la medición está indicada por las escalas y el reloj de arena.

Otros conceptos matemáticos en el arte como recursión y paradojas lógicas se pueden ver en las pinturas de René Magritte y en los inquietantes grabados de Maurits Cornelis Escher, artista neerlandés conocido por sus obras xilográficas, sus grabados al mezzotinto y dibujos, que consisten en figuras imposibles, teselados y mundos imaginarios. Otra visión persistente, basada en última instancia en la noción pitagórica de armonía en la música, sostiene que el universo está organizado según relaciones numéricas, que Dios es el geómetra del mundo y que, por lo tanto, la geometría es sagrada, tal como queda reflejado en la obra El anciano de los días de William Blake.

Aunque se sabe que los antiguos chinos, egipcios y mesopotámicos estudiaron los principios matemáticos del sonido, son los pitagóricos de la Grecia antigua los primeros investigadores de la expresión de las escalas musicales en términos de proporcionalidad numérica, particularmente de proporciones de números enteros pequeños. Su doctrina principal era que toda la naturaleza consiste en armonía que nace de los números.

Desde el tiempo de Platón, la armonía ha sido considerada una rama fundamental de la física.

Tempranos teóricos hindúes y chinos muestran acercamientos similares: todos quisieron mostrar que las leyes matemáticas de armonía y ritmos no eran sólo fundamentales para nuestro entendimiento del mundo, sino para el bienestar del ser humano. Tanto Kung-fu-Tsé

(Confucio), como Pitágoras, consideraban que los números bajos: 1, 2, 3, y 4 como la fuente de toda perfección.

Hoy en día, las matemáticas tienen que ver más aún con acústica que con composición, y el uso de matemáticas en composición está históricamente limitada a las operaciones más simples de medir y contar. El intento de estructurar y comunicar nuevas formas de componer y de escuchar la música ha llevado a las aplicaciones musicales de teoría de conjuntos: álgebra abstracta y teoría de números. Algunos compositores han incorporado la proporción áurea y los números de Fibonacci en sus obras.

La matemática es una de las bases de la música, presente en diversas áreas de ésta y es evidente en las afinaciones, disposición de notas, acordes y armonías, ritmo y tiempos. De la misma manera, su aplicación está dispuesta en el ritmo o la rima en las artes poéticas. A pesar de estar rodeados en nuestra vida cotidiana de una constante manifestación de las matemáticas, su conocimiento como ciencia aún despierta algunas resistencias.

El presente ensayo del profesor Escalante nos introduce en un universo de planteos filosóficos, artísticos y sociológicos y desde sus páginas nos invita a incursionar en el pensamiento abstracto para conducirnos por los maravillosos misterios del número, la geometría y el espacio infinito.

Stella Alvarado
Mar del Plata, abril de 2021

> *Muchos de quienes han encontrado un placer en ella, lo han encontrado no tanto porque ilumine la ciencia, cuanto porque han considerado sus principales tesis aplicables también a muchos otros campos.*
> **Thomas Kuhn.**
> En razón de
> su obra: *"La Estructura de las Revoluciones Científicas"*

PREFACIO

El libro que usted ojea en este momento, está pensado para un público al que en mayor o menor medida le atrae la matemática, siente cierta atracción hacia ella sin que necesariamente sean expertas en la materia, o simplemente para aquellos que posean deseos de interiorizarse y profundizar sus conocimientos en esta disciplina, conocerla mejor, otorgándose a sí mismos una oportunidad de dejarse seducir por un mundo abstracto pero que se las arregla, en muchas ocasiones, para emerger a nuestra realidad; y para no sentir frustración en ese valeroso y valioso intento con la errónea creencia de que son tantas frías y apáticas fórmulas, con expresiones y teoremas esotéricos, es que ha nacido *el ADN de la matemática*.

Si alguna vez pensó en que abordar *matemática* desde otro punto de vista, sin que nos inunden en fórmulas ni expresiones sumamente complejas y complicadas, que algo así era tal vez imposible; pues bien, para ellos y para el público en general, pero también para estudiantes y docentes de todos los niveles y profesionales de todas las disciplinas, va dirigida la presente obra; una que no pretende aquí *enseñar matemática* ni tampoco lo que significa enseñarla ya que en última instancia sería solamente una consecuencia de haber *aprendido matemática*, tan simple como eso; sin embargo, tenga la certeza de que esto se trata de un esfuerzo por ir más allá de esas fronteras y adentrarnos así en su propio ADN con todo lo que ello implica, el sumergirnos ni más ni menos que en su *historia, evolución, desarrollo y propia naturaleza,* de cómo se la piensa, crea o inventa.

El que no abunden en las siguientes páginas fórmulas indescifrables o complejas, no significa que sea un libro menos matemático, por el contrario, lograremos ahondar en las raíces y orígenes de ésta disciplina ya desde los inicios de la humanidad.

Pero sucede que, paradójicamente, un estudio pormenorizado de la matemática de la manera y en las condiciones recién descriptas, no necesita tanto de entidades u objetos matemáticos como de la gramática, la semántica y de cómo la comunicamos; esta obra es un esfuerzo de esclarecer tal investigación, usando nuestro propio vocabulario y lenguaje, a veces hasta cotidiano; y por qué no, ayudándonos y apoyándonos en cuestiones filosóficas, históricas, hasta de la propia lógica, que provienen desde distintas corrientes de pensamiento y que mucho nos facilita a un mejor entendimiento y seguimiento en la lectura de este libro; a ello nos abocaremos de ahora en adelante.

Esas son algunas de las razones para el lector que, sea cual fuese su edad, este ensayo pudiera resultarle el de ser una excelente oportunidad o sencillamente algo así como una primera intención para comenzar a pensar a la matemática algo realmente alcanzable y además, en todo su esplendor.

Iniciaremos este maravilloso viaje a través del tiempo y del espacio, en el que hasta nos atreveremos a traspasar el corazón mismo de la *matemática*, lugar del que tomaremos nuestra principal muestra y con la que trataremos de descifrar ni más ni menos que su ADN; obviamente que lograr tal hazaña necesitará que partamos de sólidas bases, conformadas estas, ya desde el arranque mismo, por ciertas preguntas claves y que justamente son las que definen los primeros *capítulos* de este libro; por supuesto, no sin antes establecer algunas definiciones clásicas pero necesarias sobre lo que es o se entiende por *matemática* hoy en el mundo.

A modo de guía introductoria a continuación se expone una breve descripción general:
- *El capítulo I* nos transporta a unos miles de años hacia atrás de nuestra historia humana temprana para ver en verdadera dimensión los orígenes de la *matemática*, no solamente desde el punto de vista tradicional e histórico y que suelen abundar en casi todas las bibliografías al tratar el tema, sino que al ahondar y recorrer siglos de su evolución, nos permite indagar en las principales corrientes de pensamiento que

surgieron desde las primeras civilizaciones y, que desde entonces, tratan de explicar la verdadera naturaleza de la matemática.

- *El capítulo II* nos hace vislumbrar el funcionamiento de algunos mecanismos que hacen posible el surgimiento constante, lineal y sostenido en el tiempo, de *matemática*; responde a la pregunta de cómo es que se la crea, nos muestra sus formas de invención y de su evolución a través de los siglos; todo ello a pesar de los distintos cambios de *paradigmas científicos* que le han sucedido a lo largo de la historia a la *ciencia* y gracias a la matemática, ya que esta última es de alguna manera y, como veremos más adelante, uno de los principales disparadores que hacen posible asestarle semejantes transformaciones estructurales a la ciencia misma.
- *El capítulo III* está dedicado a develar la conexión tan estrecha que posee, desde sus inicios, la matemática con nuestro *mundo natural* y de cómo algunos de los más grandes físicos y matemáticos de la historia que lo han estudiado, y aún lo estudian, aprovecharon y demostraron su propia genialidad para descifrarlo en códigos matemáticos; pero como veremos, inevitablemente esta acción trae implícita una brecha no deseada que, gracias al carácter abstracto de la matemática, la enfrenta a una *realidad* que le es siempre inevitable, esa de la cual se ocupan y se han ocupado siempre otras áreas, más precisamente las distintas disciplinas pertenecientes a las *ciencias naturales*.

- El *capítulo IV* nos enfrenta finalmente, a una matemática pura, aunque dentro de su propio contexto histórico de turno; en este caso, ambos, matemática y su contexto, como veremos, resultarán ser los inesperados y principales aliados de la ciencia, del modo en que son los causantes primarios, ni más ni menos, que de algo tan importante como el *continuo avance científico de la humanidad*. Fenómeno, este último, que suele activarse si la ciencia se encontrare de repente ante la disyuntiva de necesitar crear una matemática totalmente inédita, y esto debido a cuestiones de contingencias inesperadas que llegan a sucederle a ella en mitad de algunas de sus determinadas y particulares investigaciones científicas. Una ayuda inestimable para visualizar mejor el funcionamiento de este último suceso resultaron ser un par de simples términos, llamados *enigma* y *anomalía*; dos conceptos concebidos, entre otros tantos, por el filósofo de la ciencia *Thomas Samuel Kuhn (1922-1996)*; ellos, de una manera sencilla, nos guiarán a una excelente comprensión del funcionamiento de este mecanismo por medio de un interesante ciclo, a la vez que peculiar concepción teórica de su autoría.
- El *capítulo V* es especial; un espacio dedicado a desarrollar algunos casos ocurridos en distintos tiempos de la historia de la matemática, a la vez que se repasa de manera práctica sobre todo lo leído desde el primer capítulo; con claridad y simplicidad se llegan

a explicar y ejemplificar los fenómenos *enigma* y *anomalía*, como ya mencionamos, términos de concepción *Kuhneana*; se trata de casos reales que involucran a genios de la matemática y la física de la talla de *Newton*, *Einstein* y otros notables; aunque también se hace honor a aquellos innumerables anónimos quienes impulsaron esta noble disciplina con todas sus fuerzas forjando épocas e historia y por solo mencionar un ejemplo, entre otros, podemos mencionar a la asombrosa *era espacial*; claro está, *era* que pertenece a una época ya más cercana a nosotros en lo que respecta a nuestra historia humana reciente, más precisamente a partir de la segunda mitad del siglo XX.

La dedicación puesta en la creación de este ensayo, así como la experiencia recibida al trabajar en ello, debo decir, me resultaron muy movilizadoras a nivel personal; con gran entusiasmo, a la vez que impregnado de un gran incentivo y además fortalecido como para seguir perseverando en ese camino de tratar de contar y mostrar a la matemática y, a la ciencia en general, como disciplinas fuera de un campo que resultare esotérico para cualquier lector interesado en aquellas. Es ésta mi primera publicación, aunque he contado en todo momento con el apoyo de gente maravillosa, quienes agradablemente me han ayudado en este emprendimiento de tratar de incentivar, difundir, amenizar *matemática y ciencia,* qué con el formato inicial de una investigación académica y de su conversión, se dio origen a este libro.

Una obra que nace con el deseo de ofrecer un tratamiento serio y científico para el gran público, abordando un tema totalmente original relacionado al mundo matemático, es decir, tanto para el especialista como para el que no; el ideal al cual se trató de llegar en todo momento es el de generarle al lector un genuino interés hacia esa maravillosa disciplina de tan bello lenguaje, *la matemática*. Es el esfuerzo a contribuir y a tratar de cambiar esa visión clásica que poseen muchos sobre ella como uno de los objetivos principales; es decir, como dijéramos recién, no debería significar que, al llegar al final de la lectura de la presente obra, solo les resultare en una suma de capítulos complicados o hasta misteriosos e inalcanzables, sin aplicabilidad en la vida diaria. Muy por el contrario, este libro ofrece al público una perspectiva de la matemática desde otro punto de vista, uno histórico, uno desde la propia historia de la matemática, que es novedoso y comienza al reconectar sus orígenes, sus raíces, con su propia *naturaleza*.

Esto último lleva al hecho de que ya no se trata solo de considerar a la *historia de la matemática* como una simple línea de tiempo, compuesta ésta de simples fechas, tópicos y relatos; sino que sumado con el aporte de algunos tratamientos, aún de tinte filosóficos, pero enfocados en forma general sobre la ciencia y en forma particular sobre la matemática, se logra establecer y fortalecer con claridad lo esencial, que es ni más ni menos ese enlace a un contenido puramente matemático, teniendo muy en cuenta que al fin y al cabo el desentrañar a la *matemática*, sea desde el nivel académico que sea, es mucho más llevadero y entretenido cuando existe la posibilidad de ligarla, digamos, de una manera más *didáctica e ilustrativa,* a grandes nombres propios que nos ha proporcionado la misma historia de la matemática.

Se logra así una mejora en el sentido que, al volver la luz sobre esas grandes personalidades de la ciencia, ellas se hacen visibles en todo su esplendor y no solo eso, sino que lo hacen junto a las circunstancias en medio de las cuales ellos produjeron y desarrollaron sus propios inventos o descubrimientos matemáticos; es decir, con todo y sus anécdotas, sus idas y vueltas, éxitos, y aún fracasos.

Son el conjunto de motivaciones para el lector qué, desde su propio punto de vista, logrará fijar muchos de los conceptos descriptos al ubicarse en el espacio y en el tiempo de lo que tal vez, sin esta lectura, le seguiría resultando en tan tediosas lecturas bibliográficas repletas de teorías y deducciones matemáticas, y que al final solo lo alejaría de las maravillosas perspectivas que nos otorgan las grandes personalidades y mentes que ayudaron a crearlas.

Existen dos ámbitos poco explorados por el gran público cuando se trata de matemática; *el histórico y el filosófico,* además que esenciales en el presente tratado, pero sin que ello significase el tomar al desarrollo del *conocimiento científico matemático* y problematizarlo, sociológicamente hablando; algo que sería un tema para tratados ajenos a éste. Aunque engañosamente, estos dos ámbitos mencionados recién y en una primera impresión, pareciera que de la posibilidad de dejarnos a las puertas de una matemática más pura poseyeran muy poco, sin embargo veremos que sí lo hacen y se podría decir además, que con grandes posibilidades; no sólo eso, sino que notablemente tiene como corolario el resultar ser excelentes plataformas de lanzamiento para emprender el abordaje de enseñanzas y aprendizajes de la matemática más completos, integrales y amenos; en definitiva, nos encontramos ante la gran oportunidad, a la vez que punto de partida, como para realizar ese fantástico viaje de exploración hacia el corazón mismo de la *evolución, desarrollo y naturaleza* de esta maravillosa disciplina científica, un acercamiento al propio **ADN de la matemática.**

Nos ayudaremos en el emprendimiento de este fascinante camino preguntándonos primeramente algo que resulta ser muy conveniente y útil, algo así como el puntapié inicial para el comenzar de nuestra lectura; se trata de un interrogante que ya es bien conocido en el ambiente científico y académico de todos los niveles desde tiempos inmemoriales;

a la matemática: ¿se la crea o se la descubre?

Tratada en profundidad y con la decidida idea de ir aún más allá de simplemente responder a éste primer interrogante, es que al releerla, esta vez un poco más minuciosamente, observaremos que resultan en realidad ser dos preguntas dentro de una; a tratar de responderlas han salido al ruedo filósofos, académicos y matemáticos ya desde los tiempos de la *Antigua Grecia* y hasta científicos y estudiosos de la era moderna; justamente fueron ellos los causantes conscientes, o no, del nacimiento de varias corrientes de pensamiento sobre la naturaleza de la matemática al haber abordado, no solamente esta pregunta para tratar responderla desde sus perspectivas y propias opiniones, sino que también a muchos otros interrogantes que provenían de visiones, posiciones y hasta creencias de extremos opuestos; aunque también hubo, por supuesto, corrientes que resultaron afines entre sí al resultar, en el transcurrir del tiempo, en tan distintas opiniones y corrientes de estudios sobre este fenómeno o mecanismo de la ciencia matemática. Como acabamos de señalar, en muchas ocasiones con posturas hasta encontradas o confrontadas entre sí y es lo que finalmente hizo a la esencia de ésta investigación.

Pero la clave que nos sumergirá de lleno en el corazón de la ciencia, así como de los interesantes y variados mecanismos que posee y hacen a la matemática, nos la proporciona esta otra pregunta; abordarla nos significará avanzar a una siguiente fase en este libro, . . .

> *... ¿Qué sucede cuando alguna ciencia recurre a la matemática para lograr darle sustento a sus propias teorías e hipótesis de trabajo, pero así y todo no lograse encontrar allí los fundamentos que necesita a tales fines? . . .*

. . . es decir, en este aspecto nos referimos a esas investigaciones científicas, sea cual fueren éstas, ya sea en el ámbito de la física, química, astronomía, etc., que busquen resolver determinados fenómenos o problemas científicos en su forma habitual y tradicional; o sea, siempre con todas las de la ley y dentro del paradigma de la ciencia que le estuviere rigiendo en su propia época y que por ende, *deberían* de poder resolverse por medio de las ecuaciones, expresiones, teorías matemáticas, etc., que le son conocidas, que ya estarían o, mejor dicho, que debieran estar definidas en ella.

Al respecto, notablemente suele sucederles a los investigadores que, todas esas entidades, relaciones, objetos matemáticos, etc., en determinadas circunstancias coyunturales y en algún momento en particular, se revelan en su contra, negándose así a sus muchos y repetidos intentos de resolución que con tanto esfuerzo hacen para tratar de resolver esos problemas puntuales de alguna de sus investigaciones científicas.

Resulta que al tiempo esto termina transformándose entonces en una de esas ocasiones especiales que le ocurren a la ciencia de vez en cuando, un momento en su historia en la cual se tiene la oportunidad de ver en acción la manera en que trabaja lo que hemos dado en nombrar el ***ADN de la matemática*** y, además causante de un nuevo fenómeno que invitará a nuevas investigaciones exhaustivas, las cuales no fueron ni por asomo programadas al inicio de las mismas y como se verá más adelante, abriendo un sinfín de posibilidades para que se produzca un cambio radical, una revolución o un cambio de paradigma en la ciencia vigente.

Con respecto a las distintas visiones o líneas de pensamientos que tratan a *la evolución, desarrollo y naturaleza de la matemática,* como ya dijéramos, existen las muy radicalizadas, sin embargo, algunas se desarrollan con tratamientos un tanto más moderados; esto es así en vistas de que existen extremos muy opuestos en cuanto a sus concepciones o posturas; entonces las versiones conciliadoras resultan ser el equilibrio que median entre las teorías extremas que predominan sobre estos estudios.

Están las corrientes de pensamiento que teorizan sobre que a la *matemática* le cabe, en su ADN, una cierta dualidad con tinte de *dialéctica* entre *creación* (o *invención*) y *descubrimiento;* algunas de ellas poseyeron afinidades en otros aspectos, tal es el caso de estudiosos que coincidieron con conceptos vertidos por filósofos de la ciencia y la matemática, por ejemplo, los de *Kuhn, Karl R. Popper (1902-1994), y otros.* De entre ellos, aparecieron los términos, *enigma* y *anomalía*, (cuya explicación exhaustiva se dará más adelante), la forma en cómo éstos dos conceptos operan dentro de una *ciencia* a la cual por ahora podemos denominar *ciencia normal,* explicarían de qué manera, llegado el caso, ésta llegaría a ponerse vulnerable a profundos cambios intrínsecos. En análisis venideros echaremos luz sobre cómo esta *ciencia normal*, al provocarse a sí misma cambios radicales y a veces hasta paradigmáticos, en gran parte gracias a la matemática, lo haría a modo de un cierto mecanismo para poder mantenerse siempre en una permanente actualización y en avance constante, demostrando así su alto grado alcanzado en autonomía y madurez.

Y es así que surgió la idea de una analogía biológica en el mismo título del presente libro, a la vez que el de poner manos a la obra con un enfoque distinto y particular sobre como describir la *evolución, desarrollo y naturaleza de la matemática,* al introducir conceptos matemáticos asequibles al público en general, pero también con la finalidad de ofrecer un material de lectura ameno para docentes, estudiantes y profesionales de distintos niveles o disciplinas. Es el mayor de los deseos el que puedan apropiarse de nuevos conocimientos útiles en la forma de herramientas intelectuales y que a la vez les resulten novedosos y accesibles muchos de los conceptos matemáticos más interesantes e importantes de hoy y de la historia de la ciencia, desde siempre. Por ello, particularmente nos centraremos en el estudio de sucesos ocurridos durante la historia de la evolución de la matemática, en aquellos de esas épocas o períodos en las que la matemática pareció estar *distraída* a la hora de tratar de responder, en forma realmente efectiva, a ciertas de sus cuestiones más importantes y profundas que le surgieron.

Al hacer un poco de historia, se vislumbra de inmediato que la matemática, en general tuvo un buen servicio, efectivo e inmediato, para con otras disciplinas de la ciencia, obviamente también para con ella misma; es decir, siempre ha acudido en auxilio de la ciencia toda, inclusive siempre presente durante los habituales y rutinarios períodos o momentos en que los investigadores científicos y matemáticos necesitaron de matematizar sus teorías cuando seguían a rajatabla los lineamientos tal y como lo manda ese centenario método, el más importante de la ciencia, el científico y desde los tiempos de su creador, Galileo; siempre ha sido así.

Los ejemplos por citar de esto último, son innumerables, pero por nombrar solo uno de los casos más notable y conocido de entre otros miles, podemos señalar el de *Sir Isaac Newton (1643-1727)*; físico inglés del *siglo XVII* que hábilmente supo cómo usar las herramientas que le daba la matemática y sacar así, a buen puerto, sus axiomas, principios y teorías científicas para luego postularlas en sus más famosos e inigualables estudios sobre la naturaleza y la física del mundo que lo rodeaba.

Sólo la experiencia y habilidad de investigadores científicos de su talla, han logrado entrelazar el lenguaje propio de sus teorías, en cualesquiera de las disciplinas o ciencias en la que estuvieren trabajando o investigando, con el de la ciencia matemática; es la manera que ellos poseen para poder traducir su preciada presunción, las hipótesis de sus trabajos, al lenguaje que más le gusta a la ciencia, el matemático.

Ahora, retrocedamos solo unos pocos renglones para explicar el término *distraída* al referirnos a ese fenómeno de falta de efectividad que ya mencionáramos y que sucede de cuando en cuando con nuestra disciplina en estudio; se refiere a esas ocasiones, períodos en la historia o momentos en que la *matemática* no pudo, no supo, o se vio totalmente *imposibilitada* de satisfacer a las demandas de resolución en su ámbito, a determinados problemas o investigaciones procedentes desde alguna disciplina o ámbito científico en particular. Demandas estas, que surgen cuando se le es solicitada para que se expida a dar *definiciones matemáticas concretas* a algo que se le es requerido; esto es muy común y tradicional que sucede todo el tiempo con la comunidad científica y por parte de sus investigadores;

¡pero la pregunta del millón es!,

- ¿Cuál podría llegar a ser el motivo, en esos determinados momentos particulares, por el cual esa matemática, que se encuentra dentro de un determinado paradigma científico que la rige y al cual pertenece, como para que tenga tal impedimento o imposibilidad? -

La respuesta corta, rápida, inmediata y muy fácil es, que a veces puede llegar a suceder que no existan tales definiciones matemáticas, es decir, que no exista una matemática ya definida en su bagaje ni en todo su historial; por lo tanto, no se podrían encontrar herramientas matemáticas tales que en ese preciso momento de la historia pudiesen llegar a satisfacer a esos matemáticos e investigadores en dichas investigaciones científicas. Suele suceder.

El modelo teórico que más nos aproxima a una explicación de éste fenómeno y que además en gran medida amalgama algunas de las corrientes de pensamiento que se abocan al estudio sobre *la evolución, desarrollo y naturaleza de la matemática*, como ya adelantáramos, es el que pertenece al referido filósofo de la ciencia *Thomas Samuel Kuhn*; con él no solo podremos poner en evidencia y en orden lógico las diversas líneas o corrientes filosóficas que versan, afectan y hasta llegan a limitar el progreso matemático de la ciencia; sino que, a través de casos y ejemplos concretos, lograremos articular perfectamente los conceptos teóricos y terminológicos de su propia invención y concepción teórica, con las consideraciones expuestas en el presente trabajo.

El presente libro finaliza abordando y trabajando ejemplos y casos matemáticos pertenecientes a distintas épocas de la *historia de la matemática* e incluyen a grandes de sus personalidades, aunque también de la física y de otras ciencias; sus teorías, expresiones matemáticas, métodos numéricos, matemáticos y más, consolidarán firmemente, no solamente las consignas que plateamos al inicio, sino que logran hacerlas encajar perfectamente con las conjeturas y teorías que se proponen desde la línea *Kuhneana*.

Es difícil predecir si al concluir la lectura de este libro el lector sentirá esa sensación de logro de haber llegado a la *verdad*, pero en todo caso, seguro tendrá la certeza de haber podido ampliar sus horizontes de conocimientos, ahora un tanto más científicos y el placer de que llegó a conclusiones propias; estas tal vez le resulten ser solo algunas *verdades* más, entre otras tantas, pero en todo caso lo serán suyas, sobre una misma cuestión matemática y por lo tanto, valederas al fin.

El ADN de la Matemática

INTRODUCCIÓN

i. Un recorrido desde lo *"que es matemática"* a *"cómo se la produce"*

Partamos de la definición más general y formal de lo que es *Matemática,* en este caso provista por la *Real Academia Española (R.A.E)*:

> *"femenino. Ciencia deductiva que estudia las propiedades de los entes abstractos, como números, figuras geométricas o símbolos, y sus relaciones. U. m. (usado más) en plural con el mismo significado que en singular."*

Podríamos seguir con muchas otras definiciones, tantas como las que le hayan dedicados autores en sus escritos, esos abocados a explicar que es la matemática, pero solo nos quedaremos con unas pocas de algunos célebres matemáticos por su generalidad, simpleza y sencillez, con la salvedad de una más agregada al término de las dadas, así es, la que hemos fabricado en este libro y por qué no, como un humilde aporte a la posteridad.

> *"La matemática es la ciencia del orden y la medida, de bellas cadenas de razonamientos, todos sencillos y fáciles";* René Descartes (1596-1650).

"Las matemáticas son el alfabeto con el cual Dios ha escrito el Universo; ... son el lenguaje de la naturaleza"; Galileo Galilei (1564-1642).

"¿Cómo puede ser que las matemáticas, siendo después de todo un producto del pensamiento humano independiente de la experiencia, estén tan admirablemente adaptadas a los objetos de la realidad?"; Albert Einstein (1879-1955).

Por último, con menor síntesis, y según este autor:

"La Matemática es un cuerpo de conocimientos, una ciencia que como tal, se ha convenido en caracterizarla del tipo formal, es decir, estructurada en términos racionales por fuera del mundo físico sensible, basada en sus propios axiomas y dedicada a estudiar las relaciones mutuas entre sus entidades, que siendo ideales, es decir habitantes únicamente de nuestras mentes y, que junto a sus propiedades, mediante reglas son regidas por operaciones, para así obtener resultados sin contradicciones y coherentes acordes a las leyes de la lógica, susceptibles de ser operadas e interpretadas intelectualmente mediante la abstracción humana."

Ahora que ya poseemos una mejor idea de que es *matemática*, podremos avanzar un paso más hacia uno de los objetivos de esta obra, desentrañar el cómo se la genera o produce; pero previniendo al lector y a modo de adelanto, que en principio una respuesta corta a este suceso vendrá acompañada de la palabra clave, *depende*. Esto es así ya que hay distintas concepciones, teorías y corrientes de pensamiento sobre la forma en que se concibe *matemática*; algunas demasiadas extremas y otras más asequibles y aceptables, *prima facie*.

Por lo tanto, la presente obra se estructura en dos grandes partes; una primera, indagando en lo que es *matemática*, de que trata ella según las distintas visiones, posiciones, puntos de vistas y corrientes filosóficas; mientras que en la segunda parte nos introducimos aún más en el cuerpo de la *matemática* hasta llegar a su propio ADN; él es quién nos contará su verdadera y profunda naturaleza, la magia de su autogeneración.

ii.   Emplazando 4 pilares fundamentales

Hoy día son varias las corrientes de pensamiento o filosóficas que se dedican a estudiar la *evolución, desarrollo y naturaleza de la matemática*, algunas muy afines entre sí y otras en extremos opuestas y radicalizadas, pero siempre guiadas por la misma primera pregunta que nos planteáramos al principio, en las primeras líneas al comienzo de la lectura, es decir, esa sobre sus dos posibles formas de producción, *¿se la inventa o se la descubre?*-, todas esas corrientes cuentan en sus haberes con casos y situaciones, tanto a favor como en contra de sus propias concepciones y posturas.

Al ir avanzando en el camino que hemos iniciado, observaremos que las bases desde la cual iremos edificando, construyendo y lógicamente, soportando nuestra construcción conceptual sobre la evolución, génesis y generación de matemática, es de esperarse se apoyen sobre buenas y consistentes fundaciones o fundamentaciones; y esto, uno lo podrá ir constatando durante todo el desarrollo de este libro, aunque también veremos que resultarán muy claras las limitaciones y delimitaciones que encontraremos pero únicamente por razones de extensión en el tema.

A continuación, se listan los *cuatro pilares*, sostenedores estos, de la construcción que hemos iniciado ya en estas pocas primeras páginas; no son más que cuatro simples interrogantes, pero ellos nos guiarán en el camino que hemos comenzado a andar; y como debe ser todo buen pilar, son tan sólidos que nos soportarán hasta la finalización de nuestro emprendimiento y dándonos seguridad en el transcurrir de las siguientes lecturas e interpretaciones conceptuales.

Los cuatro pilares:

1. *¿Cómo influyeron, en el desarrollo de la matemática, las corrientes de pensamiento que se dedicaron a estudiar su naturaleza, creación y evolución?*

2. *¿Cómo se relaciona la matemática con las ciencias que le son afines?*

3. *¿Cuáles son los factores que intervienen en una investigación científica clásica al momento de necesitar del respaldo de la matemática?*

4. *¿Qué sucede cuando las ciencias precisan de la matemática para darle sustento a sus teorías e hipótesis de trabajo y no logran encontrar allí los fundamentos que necesitan?*

Cada una de estas preguntas representan un pilar y las cuatro forman parte de los pilares que definen a este capítulo y los venideros, que se explayarán en el análisis individual de éstos interrogantes en cuanto a su tratamiento y búsqueda de respuestas, llegado el caso.

Pero como ya dijéramos, dónde hay pilares también se han necesitado de bases donde emplazarlas y que en nuestro presente caso significa que, para seguir avanzando en nuestra búsqueda primordial, deberemos terminar de analizar en principio, esa primera pregunta básica que nos hiciéramos a modo de puntapié inicial sobre la **matemática**, *es decir...*

a- ... *¿se inventa o se descubre?* - los orígenes de este interrogante

Las primeras referencias que han sobrevivido hasta nuestros tiempos, con respecto a esta pregunta tan fundamental, es que no podrían haberse realizada en otro lugar y tiempo, por supuesto, qué en la *Antigua Grecia*, cuna de la matemática, madre de las filosofías más populares a la vez que académicas, por ende, son algunas de las que nos ocupan en estas páginas, por ejemplo, *la filosofía de la ciencia y la matemática.*

Allí, aquella tierra natal de *Platón (427a.c-347a.c)*, donde nacieron y vivieron otros tantos de sus contemporáneos y grandes filósofos matemáticos, precisamente el lugar donde también alguien se hizo, por primera vez, la pregunta sobre si a la matemática *se la inventa o se la descubre*; el que tomó la delantera en profundizar en esta cuestión fue el mismo *Platón,* fundando así su *platonismo*, creado a modo de su propio mundo personal; a este, él lo concebía como el contenedor y el lugar en donde encontrar esas *ideas* con la excepcional y única característica de poseer alto grado de realismo y contenidos matemáticos objetivos; un mundo habitado por todas las relaciones teóricas de las que se debía nutrir la matemática.

Ya más acá en el tiempo, durante los siglos XVIII, XIX, XX y XXI, se plagarían de otras tantas corrientes de pensamiento sobre el *desarrollo, evolución y naturaleza de la matemática*, pero claro que ya con otras concepciones, pero no por ello dejarían de conservar sus ideas afines al *platonismo*; éste último se las arregló para lograr sobrevivir hasta nuestros días después de más de dos mil años desde su fundación.

b- ... *¿se inventa o se descubre?* - situación actual

Haciendo foco en lo que es nuestro tema central, o sea, *la evolución, desarrollo y naturaleza de la matemática*, ya nos había quedado claro que actualmente conviven varias teorías y corrientes de pensamiento que tironean de ella y lo hace desde distintas direcciones; algunas van quedando sumidas en la historia, pero hay otras que tienen una mayor aceptación en el mundo matemático y científico de hoy, sobre todo aquellas corrientes que estudian su naturaleza extrayendo conclusiones menos radicalizadas de las que pudieran provenir de uno o de otro extremo de las corrientes más ortodoxas.

Existió una crisis existencial que sufrió la ciencia y la mantuvo en vilo, afectando mayormente a científicos de la física y de la matemática por los finales del siglo XIX y principios del siglo XX; que ello sucediera, no fue del todo negativo, es que, en definitiva, ayudó a lograr definiciones más serias y aceptables para la comunidad científica en general sobre lo que es la *matemática, su evolución, desarrollo y su naturaleza*. Contemporáneamente, la ciencia ya no es la que era en esa época ya que ha dado pasos agigantados y formidables desde entonces, pero hay algo que todavía sigue vigente y que proviene desde varios sectores de la sociedad, se trata de una constante crítica hacia ella y a su método, o sea el *método científico* y, que va, de a poco, empujando a la toda la ciencia, pero a la matemática en particular, hacia los umbrales de una nueva crisis, es decir, otra vez reaparece la amenaza y una nueva posibilidad de darle riendas sueltas a su, hasta ahora, misterioso y desconocido, ADN.

c- ... *¿se inventa o se descubre?* – la relevancia de responder

Todo este combo entre ciencia, matemática, su desarrollo, naturaleza y evolución, junto a las *razones* y los *por qué,* de quienes defienden sus posturas sobre lo que para ellos éstas representan, pero también de quienes las critican, de como hicieron los físicos y matemáticos para salvar de la crisis de los inicios del *siglo XX* a la ciencia y también a la matemática, han sido sintetizadas y canalizadas a través del presente libro; esto resulta esperanzador hoy, en el presente, ya que es una potencial ayuda para llegar a predecir qué es lo que sucedería si llegase a producirse cambios estructurales, es decir, una nueva revolución en la ciencia; algo así no es para nada impensable y por supuesto, llegado el caso, claro que es deseable el tener ya cierta preparación, o al menos una buena noción de lo que nos depararía dicho fenómeno en los alrededores de nuestras vidas diarias y/o académicas en los albores de que dicho fenómeno volviera a suceder.

Sin embargo, como ya dijéramos, que la ciencia y particularmente la matemática pasen por una crisis de este tipo, no es algo no deseado, al contrario, ya comprenderá el lector que puede llegar a tratarse de su propio mecanismo de auto-supervivencia, uno que le llegase a asegurar un no estancamiento y que además le garantizaría, así misma, trascender al ser humano, demostrándonos en todo su esplendor la adultez y madurez que ha ganado durante los últimos siglos de historia humana.

iii. Una investigación universal

A lo largo de los distintos capítulos, se trabajó en pos de ayudar al lector a lograr la mejor articulación y fortalecimiento de las bases, establecidas estas al inicio, para obtener un mejor entendimiento con sentido, lógica y coherencia; así, de esa manera, podremos responder y desentrañar las cuatro preguntas fundamentales que hemos dado en llamar, *los pilares básicos,* desde los cuales iremos construyendo nuestro desarrollo conceptual con base en algunos ejemplos, resultados de investigaciones, estudios varios, posiciones ideológicas, corrientes de pensamiento y teorías matemáticas; las cuales todas ayudaron a hacer un mejor tratamiento del tema en cuestión que nos interesa, *la evolución, desarrollo y naturaleza de la matemática.*

Al finalizar la lectura de este libro, usted habrá aumentado, en peso específico e importancia, su propia percepción de cómo la *historia de la matemática* tiene una directa conexión con su propia *evolución*; y esta a su vez es aprovechada por la *ciencia* para transformarla en una ingeniosa estrategia de cuál nos ocuparemos más adelante.

Veremos que lograr un apuntalamiento del desarrollo de la matemática es impensable si no se la vincula, en alguna medida, a su propia *historia y evolución*; por ende, podría llegar a usarse esto, colateralmente, en una forma benéfica; es decir, tratarlo como una gran herramienta aliada o recurso didáctico de peso para su enseñanza en todos los niveles académicos y como una parte importante de fijación de conceptos matemáticos, como un mejorador a la hora de establecer métodos en la enseñanza de matemática; no hay que interpretarlo o significarlo, lo anteriormente dicho, como un cierto *socavar* en desmedro de la deducciones lógicas y discusiones puramente matemáticas.

iv.   ¡Muchos "¿Por qué?"!

La importancia, en los últimos siglos, que ha cobrado el desarrollo de la matemática en el mundo científico, ha despertado la necesidad, en el ámbito mundial, ya sea a nivel público o privado, inmersas o no en el quehacer científico, a perfeccionar e implementar planes de desarrollos para el mejoramiento en la calidad en su aprendizaje, aunque también métodos para enseñarla y lograr así beneficios en sus comunidades a niveles sociales, educativas, científicas y para los propios estados nacionales. Un corolario deseable, sería, casi paradojalmente, que el público general llegase a *percibir* a esta ciencia tan *abstracta*, en una forma tan tangible a sus sentidos y que llegasen a descubrirla, al fin, como la esencia de las demás ciencias tan bella en su historia, en sus ecuaciones y expresiones; tanto esto último es así, que hasta muchos autores de todos los tiempos, en sus escritos, ensayos y libros, han escrito poesías y hasta loas sobre algunas de las más famosas demostraciones matemáticas.

v. Reseña introductoria

Hoy día, dentro del ámbito académico, la mayoría de estudiantes terciarios, una inmensa cantidad de docentes, profesores de matemática de nivel medio y tal vez algunos docentes a niveles catedráticos aún más elevados, obviamente sin olvidar a los estudiantes de escuelas secundarias, y por último generalizando al común de la gente; a todos ellos sin excepción, si se les llegase a preguntar por algún motivo cualquiera, si ya poseen, más no sea solo una vaga idea sobre cómo la matemática evoluciona y se desarrolla o más aún, sobre cuál es la esencia que hace a su naturaleza, probablemente se obtendrían respuestas e ideas muy dispersas y a la vez no tan acertadas.

Pero démonos por un instante la licencia de especular una respuesta, algo así como una idea en el sentido correcto; por ejemplo, imaginemos que es gracias a un cierto mecanismo intrínseco que la *matemática* usa para auto desarrollarse y autoconstruirse debido únicamente a su propia naturaleza, y mediante la cual se le es permitido así, a investigadores y matemáticos, a realizar sus personales aportes intelectuales dentro del marco y los términos que establece una ciencia que evoluciona de manera acumulativa.

Es decir, la matemática tiene su propio período de maduración y crecimiento, cuasi fractal se podría decir, de igual manera, valga la analogía, que el ciclo de vida de una planta o árbol; o sea, en cuanto a que primero echó sus milenarias raíces, luego, con el tiempo fortaleció su tronco principal y por último, se ramificó en las distintas direcciones a través de las extensiones de sus ramas y hojas, es decir, las varias y distintas disciplinas de la matemática que se le expandieron a lo largo de su historia.

Sabemos, porque así la realidad, la experiencia e historia nos lo confirmó, que a la par de la matemática hay muchas otras ciencias tan longevas, tan recientes o tan distintas a ella misma, ya le sean más o menos afines y sin embargo eso no quita que se estén nutriendo, creciendo y perfeccionando a sí mismas recurriendo al lenguaje matemático y a la matemática propiamente dicha; se podría parafrasear sobre la manera en que ellas lo hacen; algo así *como andando y caminando entre los pasillos de Una Gran Biblioteca Matemática;* así es, justo allí, donde sus respectivos investigadores encontrarán ecuaciones, desarrollos matemáticos y toda expresión que necesitasen; supuestos dejados y depositados allí por los grandes constructores o productores de matemática de toda la historia; estas son las que les darán a las ciencias el sustento, rigor, prestigio y definiciones lógicas a sus propias teorías e hipótesis.

Permitámonos usar una última analogía, esta vez de índole cotidiana y que tal vez logre aclararnos algunos conceptos iniciales. Sabemos que las personas, por ejemplo, en un fin de semana cualquiera, llegan a necesitar muy a menudo, el hacer algún determinado arreglo o construcción en sus casas, entonces, lo más probable es que se trasladen a la *gran ferretería* de la ciudad para comprar allí las herramientas y/o recursos necesarios a tal fin; y obviamente, sí que las encontrarán y además listas para ser adquiridas por el o la constructora circunstancial; lógicamente, estas serán usadas, claramente que cada uno en lo suyo ¡y en tamaña empresa dominguera a realizarse en casa!; es así, que la historia y la experiencia os lo dijo y les dictaminó a estos emprendedores domésticos que esas herramientas pertenecen a modelos ya miles de veces probados y usados con total éxito desde muchos miles de otros domingos pasados y por otros miles de "arregladores", desde siempre y de todos los tiempos... pero, *¿Qué sucedería si el arreglador es devenido ahora en inventor?*, digamos por ejemplo, de algún innovador accesorio muy especial para algún lugar de su casa; de repente caerá en la cuenta que tal vez necesitará herramientas totalmente inéditas para ayudarse a construir su ingeniosa invención que le vino en mente, ya que no existiría una que sea estándar en las cadenas de ferreterías.

Entonces este flamante inventor se encuentra de repente, con el hecho de que no encontrará ningún herramental que le pueda servir en ninguna de esas enormes cadenas comerciales mayoristas, ya que están abarrotadas de herramientas clásicas y únicamente de catálogos.

Pero analogías aparte, y volviendo ahora a la ciencia en cuestión que nos interesa, la matemática; resulta que en distintos y determinados momentos o períodos de su historia, ya desde los inicios de la ciencia matemática misma y, durante todo su desarrollo o evolución natural, ella ha sido la única gran proveedora de teorías matemáticas, muchas de las cuales fueron hasta formuladas mucho tiempo antes que se descubrieran sus posibles usos aplicados, ingenieriles, etc. (la matemática es una ciencia muy consecuente en ponerse al servicio del tan ansioso, nunca bien ponderado, pragmatismo humano y sus ciencias aplicadas).

Resulta entonces, que sí, han ocurrido casos en el que el investigador científico, a pesar de haber recorrido incansablemente los pasillos de la *Gran Ferretería Matemática*, supuesta contenedora de todo el bagaje y herramental matemático necesario y que siempre han estado a su disposición, de vez en cuando llega a desayunarse, con gran sorpresa, que su teoría, esa con la que cuenta para tener éxito en su investigación, peligraría enormemente de no ser sustentada matemáticamente debido al muy raro, pero no imposible caso, de *no existencia* de matemática alguna que pudiera llegar a ofrecérsele para lograr ese, su tan ansiado objetivo, el de darle un triunfo matemático a su investigación.

Y todo aquello debido, únicamente, a que las leyes matemáticas que ya existen y rigen, o más bien dicho, que están ya definidas, no se acomodarían, ni le servirían de ayuda alguna, (poniéndolo en términos de *Kuhn*, "se ha presentado una *anomalía*"), a su nuevo modelo, ese que podría llegar a explicar la porción del universo que está investigando el ahora desanimado científico, muy a pesar de lo deseoso que estaba de proponérselo, a través de una hipótesis matematizada, a la comunidad científica toda.

O sea, ya para generalizar e ir cerrando algunas primeras ideas; supongamos que el investigador científico en cuestión es avezado, experimentado y por más desanimado que resulte, siga aún con la confianza intacta en su propio profesionalismo y por lo tanto, también de las bondades que traería para la ciencia y la humanidad, una hipótesis de su autoría; por ende, lejos de considerar terminada su investigación por falta de existencia de una matemática que sustentara sus *verdades provisionales,* (la teoría que propone), no se dará por satisfecho; ahora su nueva alternativa entonces, será la de solicitar ayuda y definiciones a sus pares científicos matemáticos.

Por lo tanto, vemos así, como se estaría gestando, con todo lo dicho en el anterior párrafo, grandes posibilidades para que se den las condiciones de *inventar* o *descubrir,* según desde el punto de vista o de la corriente filosófica que se lo mire, una total y original *matemática nueva,* además a medida y a pedido de nuestro valiente y empedernido investigador; pero también, por otro lado y sin desearlo, aquello estaría creando el momento y las condiciones propicias para que se active y entre en acción el tan buscado por nosotros y misterioso, ADN matemático, con todo y sus posibles grandes y graves consecuencias para las estructuras de cualquier paradigma científico vigente.

Y a esa búsqueda nos abocaremos de ahora en más.

La matemática es una ciencia a la vez que una disciplina científica mundial; atañe a todo ser humano en cualquier región y lugar de nuestro planeta o fuera de él. Tal es así, que hoy en día tenemos representantes humanos, de forma permanente, hasta en el espacio exterior, en estaciones espaciales girando alrededor de nuestro planeta *Tierra,* y en pocos años los habrá en nuestro satélite natural; en un futuro no muy lejano en planetas vecinos. Es que la matemática, en mayor o menor medida, llega diariamente a nuestras vidas, sea donde sea que nos encontremos, seamos consciente de ello o no.

Entonces, pensado de esa manera, podríamos considerar que el ámbito de la matemática no se centra en un punto geográfico en particular, o si lo vemos desde otro punto de vista, se podría contraponer, que en verdad, su ámbito incumbe e incluye a todo lugar en el que haya evidencia de humanos asentados allí, o no; es decir, ya que hoy también existen las *actividades matemáticas* en lugares muy lejanos aunque nunca haya habido humanos asentados en ellos, pero sí operaciones de los mismos; por ejemplo, los vehículos que aún hoy día continúan siendo controlados remotamente en el planeta *Marte* mediante operadores humanos desde aquí, en la *Tierra*; podríamos entonces decir que el *ámbito de la matemática* es todo lugar donde el ser humano la esté desarrollando o haga sentir sus efectos.

Actualmente sobreviven y conviven varias teorías y corrientes de estudios que tratan sobre cómo se produce la matemática, siendo las más notables las que se encuentran en los extremos de esas corrientes de pensamiento. Están aquellas que sostienen que la matemática debe ser *descubierta,* para de esa forma sostener en el tiempo su propio desarrollo evolutivo; pero por otro lado están las teorías que versan sobre que a la matemática se la *crea*; existiendo, claro está, versiones moderadas o de centro, sosteniendo en sus argumentos, que el *producto* matemática es el resultado de la combinación de esos dos últimos extremos recién mencionados, pudiendo nutrirse de ambas corrientes o teorías a la vez; las siguientes figuras, que muestran el sentido lineal de la evolución y generación de matemática *(descubrimiento, creación y dualidad),* según tres corrientes de pensamiento filosófico, lo explican esquemáticamente.

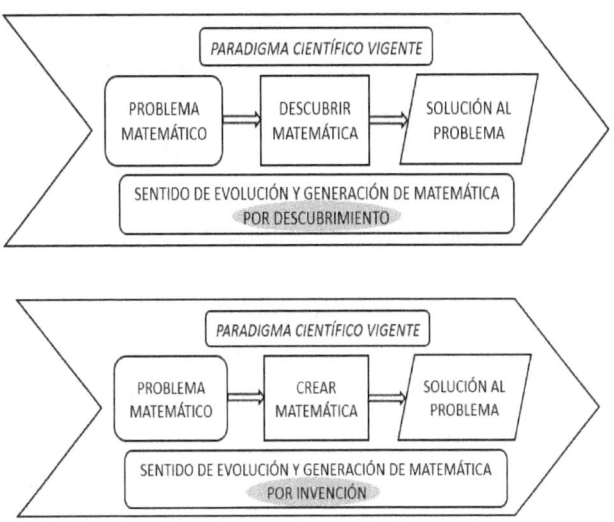

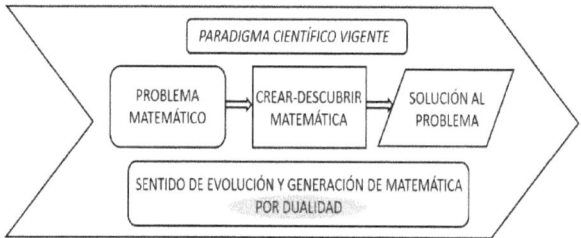

Estas son las primeras claves y seguirán siendo develadas al ir avanzando en la lectura de los capítulos que siguen.

La matemática, al contextualizarla centralmente en su *desarrollo, evolución histórica y su propia naturaleza,* transcurre por esa historia atravesando largos períodos de tiempo enmarcada en una cierta *ciencia* que la rige y a la que *Kuhn* bautizó como de *ciencia normal*; los períodos mencionados, son esos en que los investigadores científicos se dedican a trabajar rutinariamente solo en la resolución de *enigmas* matemáticos, es decir, únicamente sobre aquellos problemas que, dentro del *paradigma científico establecido* para ese momento, se resuelven o deberían de ser resueltos por las herramientas con la que se disponen dentro de esa *ciencia* que rige todo en su propia contemporaneidad, o si se lo desea ya podemos nombrarla en su forma más sintética, la que ya conocemos como de *ciencia normal.*

Kuhn acuñó otro término, también muy particular, la *anomalía;* refiriéndose con esto ni más ni menos que a problemas o fenómenos, esta vez para nada rutinarios, y que le surgen a la ciencia de vez en cuando; son esos momentos, durante el transcurrir de su historia, en los cuales matemáticos e investigadores, rápidamente caen en la cuenta de que no poseen elementos, herramientas ni la debida preparación, por estar dentro de un determinado paradigma establecido que los rige, con los cuales puedan hacerle frente y así hallarle alguna solución a aquellas *anomalías*.

Entonces, una *anomalía*, ciertamente marca una diferencia a lo que es o significa un *enigma*; obliga a los investigadores y matemáticos a *inventar o descubrir* nuevas e inéditas herramientas matemáticas; éstas, a su vez, serán incorporadas en un futuro y en forma gradual, a su c*iencia normal*, o llegado el caso de haber provocado o existido algún cambio paradigmático en medio, a su "nueva" *ciencia normal*; claro que solo sucederá dicha incorporación matemática únicamente habiendo logrado tener éxito en la resolución del problema o fenómeno que se ha presentado de ésta forma, o mejor dicho, como una a*nomalía*.

La matemática fue, es y será tema de estudios e investigaciones por parte de filósofos, matemáticos, científicos, historiadores, docentes y estudiantes de todos los tiempos; no hay duda que alguna vez ha existido una primer y fundamental pregunta sobre la ella; una que resulta, por tal motivo, ser la más básica, tal vez la más intuitiva, la que más abunda, por ende, también la más abordada y respondida de todas; *"a la matemática, ¿se la CREA o se la DESCUBRE?"*.

Ya desde el inicio de las antiguas civilizaciones humanas y hasta hoy día, *la evolución, desarrollo y naturaleza de la matemática* fueron cuestiones minuciosamente estudiadas e investigadas, aunque desde una visión o percepción paradigmática de *continuidad* en la forma en que surge o se produce matemática; se podría decir, generalizando y tal como se expresaba *Kuhn,* refiriéndose al avance de la ciencia, lo hace *de manera acumulativa;* es decir que, por su propia naturaleza, la matemática se desarrolla *autogenerándose,* enmarcada dentro de un proceso de producción o crecimiento que sucede sin interrupciones.

Son conocidos muchos casos que podrían ser tomados como contraejemplos de lo teorizado en el anterior párrafo; para citar solo uno, centrémonos en el más famoso, aunque muy puntual caso, y a su vez el más notable, el de *Galileo Galilei y la inquisición.* Sucedió en pleno oscurantismo, en la edad media; es un caso testigo de muchos otros, del cual se podría argumentar que sí, efectivamente hubo una cierta interrupción en el normal desarrollo de la matemática, en el sentido de *continuidad* de la que venimos hablando y al faltarle semejante pieza en su propio ámbito, debido a la presión sobre la persona de Galileo como para que desistiera en algunas de sus investigaciones; justamente hoy sabemos que eran las más trascendentes e importantes para el avance científico de la humanidad.

Pero la cuestión es que, hechos así en la historia, más bien se pueden caracterizar o interpretar como una interrupción de la matemática de índole histórico, cultural, hasta regional, y a la vez como parte de un modo de penalización, por medio de la aplicación de leyes humanas o autoridades circunstanciales de la época, hacia personajes de la ciencia, la cultura y otros; a veces leves, otras, hasta la pena de muerte y que fueron impuestas en ciertos casos, como por ejemplo, el ya mencionado recién, el de la *Iglesia Católica* a través de la *Inquisición* de ese período.

Es precisamente esto lo que le sucedió al astrónomo y matemático de esa época *Galileo,* ya sea por sus investigaciones publicadas o por desafiar a la "autoridad moral y religiosa" de turno; pero el hecho es que, por ese sentido de *continuidad* que mencionáramos, la evolución de la matemática nunca se detuvo, aunque sí se desarrolló más lentamente por estas cuestiones de dominios temporales, regionales e intelectuales de la Iglesia, aunque de todos modos, dicha evolución, sí seguía sucediéndole al mismo tiempo, y más vertiginosamente, en otras regiones del mundo con condiciones más favorables para los matemáticos y los libres pensadores.

Desde los comienzos mismos de las distintas visiones, tanto filosóficas, ontológicas y otras, que se daban sobre la naturaleza de la matemática, ya existía una pregunta clave referida a los modos de existencia de sus *entidades*. Desde el denominado *platonismo* o *realismo,* las *entidades* matemáticas siempre fueron consideradas casi tan tangibles como un bolígrafo o taza de café; claro está que únicamente durante el acto de pensar en ello y considerando a la matemática como habitante de un mundo con una *realidad independiente* al nuestro. En la línea de pensamiento opuesto a ellos, como por ejemplo la corriente denominada del *idealismo*, conocida también como *subjetivismo* o *constructivismo*, al contrario de la visión del *platonismo,* esas mismas *entidades* matemáticas, son para ellos, ideas habitantes única y exclusivamente de nuestras mentes.

Por supuesto, no podía faltar también una posición intermedia, o si se quiere, de consenso; ejemplo de ello es la construida por el filósofo de la ciencia *Karl Popper (1902-1994)*, a la que llamó atinadamente, *realismo constructivista* y en el que para él, éstas *entidades* matemáticas iban "saltando mundos" o, en términos del propio *Popper*, como si pasaran por distintos estados; es decir, las entidades matemáticas transitarían desde el mundo de las ideas al mundo de lo tangible, y hasta podrían llegar a encontrarse en un estado intermedio, uno de transición entre esos dos mundos.

El punto de vista o enfoque dirigido a explicar el fenómeno que se discute en esta obra, son de naturaleza filosóficas matemáticas, aunque también de profundas implicancias estructurales; a medida que avancemos en su desarrollo, podremos observar que hay un conjunto de conceptos, proposiciones y bases relacionadas que sustentan, en gran parte, al presente ensayo; además, gratamente, nos alinean con la posición *Kuhneana*.

Para *Kuhn,* una óptica histórica de la matemática es fundamental, y eso si se desea comprender el avance de la *ciencia* en su totalidad, ya sea desde su permeabilidad sociológica hasta de su pilar más importante, *la matemática*; esta es su disciplina más vital, esencial y movilizadora de un cierto mecanismo, del cual nos ocuparemos más adelante, responsable de generar y desarrollar ese avance de la ciencia que le sucede a sí misma a través de sus teorías científicas. Teorías las cuales, si bien muchas han llegado a alcanzar el éxito, muchas veces no resultaron totalmente aceptadas desde un principio, sino que por el contrario sufrieron rechazos, negaciones, teorías competidoras y hasta olvidos, conformando un proceso de avance no uniforme, aunque sí continuo y por supuesto acumulativo.

Entonces, podrá observarse lo muy importante que resulta lo contextual en la *ciencia* como parte de su carácter paradigmático; tanto es así esto, que casi hasta llega a subordinar a su fundamental método, el científico, ese mecanismo indispensable de su progreso desde el inicio de la modernidad; método consensuado por todos los científicos, quienes conscientes o no, se encuentran atrapados dentro del paradigma de una ciencia que los rige; aunque llegado el momento, estos, a veces, no llegan a vislumbrar el importante hecho de que podrían llegar a estar a las puertas de un cambio radical de la *ciencia*, o ante un *nuevo paradigma científico*; muy por el contrario, suelen manifestarse con gran rechazo ante este hecho, muy lejos de ese consenso generalizado del que alardean; ellos se encuentran muy cómodos en su actual contexto científico que los cobija.

Claro que el mecanismo que rige la *evolución* de la ciencia en general y de la matemática en particular, pareciera implacable, y una consecuencia evidente de ello es que las teorías pertenecientes a su paradigma contemporáneo, o zona de confort actual que los rige, sea tanto a científicos como a matemáticos, en determinados momentos de la historia comenzarían a fallar; es así que este sería entonces en sí mismo, un mecanismo disparador, algo que abre vías de enlaces o válvulas de alivio hacia un potencial *nuevo paradigma científico*, el cual, pronto veremos, no sería del todo necesario que se tratase de un cambio total ni de corto plazo, más bien podría llegar a ser un suceso o fenómeno que sucediera gradualmente.

Ya habíamos mencionado cual es la obra que complementa y completa la línea de pensamiento que aquí estamos tratando de seguir, es la fundada por *Kuhn*, quien la plasmó en su libro titulado *"La Estructura de las Revoluciones Científicas"*, obviamente de su total autoría y en la que detalla los pormenores del desarrollo de una *evolución histórica de la matemática*, con sus "discontinuidades", "faltantes" o "falencias", como las hemos denominado aquí y de las cuales *Kuhn*, en su ensayo, se refiere a lo mismo pero en otros términos.

Cabe destacar que las cuatro preguntas, esas que hemos dado en llamar *pilares* que sostienen, a la vez que soportan, nuestro avance en la lectura que seguimos, han encontrado también una excelente base de apoyo, afinidad teórica y un buen acoplamiento, como comprobaremos en lo sucesivo, con la línea de pensamiento *Kuhneana*, sobre todo en aquellos dos fenómenos que él bautizó con los términos de *enigma* y a*nomalía*.

Tal como analizaremos a continuación en los capítulos venideros, son dos términos o conceptos que se transformarán en ayuda inestimables, al fin, para nuestro entendimiento y conceptualización al ser estos, buenos indicadores de cómo la ciencia y la matemática son obligadas, a veces, a realizar nuevas investigaciones exhaustivas no programadas en ellas; éstas les abren un sinfín de posibilidades hacia una reestructuración o cambio radical, si no en todos, en muchos de sus ámbitos y disciplinas científicas.

El análisis y estudio de *la evolución, desarrollo y naturaleza de la matemática*, no solamente son interesantes desde el punto de vista que conlleva a preguntarse a uno mismo, si ésta es *creada* o es *inventada* en lo que se refiere a su forma de desarrollo o aparición en la ciencia, sino que lo resulta también al indagar en el interior de las corrientes evolutivas y que nos lleva a la propuesta inicial; la de desentrañar e indagar más a fondo en el propio *ADN de la matemática*; esto no significa otra cosa que adentrarnos muy por las entrañas, hasta el corazón mismo de esta disciplina y así conocer el funcionamiento de los mecanismos que la generan.

De nuevo, la línea de pensamiento *Kuhneana*, será un sólido respaldo a la hora de responder a nuestros cuatro *pilares* del presente estudio sobre *la evolución, desarrollo y naturaleza de la matemática*.

Pues ya tenemos una buena orientación a seguir durante todo el desarrollo de este libro; lograremos al final, discernir los conceptos claves, indagar sobre el origen y evolución de la matemática, la aparición del cómo y porqué surge la necesidad, en determinados momentos de su desarrollo, de una matemática que aún no existía durante su propia contemporaneidad.

CAPÍTULO I

"Russell escribe que las vastas matemáticas son una vasta tautología y que decir tres y cuatro no es otra cosa que una manera de decir siete. Sea lo que fuere, la imaginación y las matemáticas no se contraponen, se complementan como la cerradura y la llave. Como la música, las matemáticas pueden prescindir del universo, cuyo ámbito comprenden y cuyas ocultas leyes exploran".
Jorge Luis Borges.

1. MATEMÁTICA: SU NATURALEZA Y EVOLUCIÓN

1.1- Un poco de historia

Al igual que en otras áreas del conocimiento humano, en la matemática es difícil precisar con exactitud cuándo y cómo nacen sus primeros conceptos, sin embargo, es razonable pensar que las primeras cuestiones matemáticas se encontraron en los mismos orígenes de la humanidad, en el que seguramente el hombre primitivo clasificaba los objetos que lo rodeaban según un criterio práctico y abstracto matemático.

Pero en la abstracción de esas primeras ideas, es donde comienza nuestro primer acercamiento, como raza humana, a las incipientes operaciones matemáticas. En la antigüedad, el quehacer matemático se regía con una colección de reglas de uso común y solo para eruditos; no fue hasta la aparición de la antigua civilización griega, de la mano de filósofos como *Thales*, *Euclides* y otros tantos, quienes ordenaron y escribieron, al fin, todo ese saber acumulado hasta su época, grabándole así un sello de rigor lógico, caracterizando y distinguiendo a la matemática hasta nuestros días.

Es así que la matemática es una herramienta intelectual, nacida prácticamente desde que el ser humano dominó el fuego, hace unos 790000 años, por lo que, descubierta y utilizada por primera vez, ya jamás nos desprenderíamos de ella, (ni del fuego). Luego, en regiones históricas del *Oriente Medio*, sobre la margen sur de la *Antigua Mesopotamia*, florecieron las primeras civilizaciones; fueron algunas de las más importantes y trascendentes la de los *sumerios, babilonios, egipcios y griegos* en orden de aparición.

Los *sumerios,* le dieron a la matemática un uso práctico, o si se quiere, más bien pragmático; obtenían así resultados concretos al trabajar sobre sus campos, sembradíos, construcciones arquitectónicas, ingenieriles y en otras cuestiones de índole matemáticas; sus predecesores, los *babilonios*, no se distinguieron más en ese sentido que los *sumerios*, a no ser porque lograron la resolución de problemas geométricos de mayor complejidad, siempre sin darles una demostración lógica, aunque sí dotada de un elevado empirismo.

Por fin, la *Antigua Grecia* sería la cuna en donde la matemática tomaría forma de ciencia; ellos, los griegos, le dieron ese cuerpo sistematizándola y otorgándole un sentido lógico en sus procedimientos y deducciones; partieron de lo que ellos establecieron como unas ciertas verdades indiscutibles, los *axiomas*, que a su vez, estas serían las bases de los no menos importantes teoremas, postulados y proposiciones, convirtiéndolos así en pilares para toda la matemática de todos los tiempos hasta la actualidad.

Los filósofos matemáticos de esa época, hicieron que todo razonamiento o demostración rigurosa deberían de basarse en ciertos principios previamente establecidos, ya sean éstos otras demostraciones, o bien por cuestiones operacionales previamente establecidas. Pero, a fin de cuentas, este método condujo a la necesidad ineludible de convenir en que ciertos principios básicos, como los postulados, axiomas, etc., sean válidos sin necesidad de ser demostrados, además estos estarían ya estarían *dados* y, no solo eso, sino que serían incontrovertibles, por lo que podrían llegar a construir sobre ellos el resto de las teorías.

Estas brillantes mentes griegas también lograron, entre otras varias genialidades, lo que hoy se conoce como *Geometría Euclidiana*, algo que hasta hace dos siglos era conocida simplemente como *Geometría*; mucho de lo que conocemos contemporáneamente sobre geometría está basada en los famosos cinco postulados que desarrolló el gran matemático griego, *Euclides*.

Ahora sabemos y no cabe dudas, que con el inicio o aparición de las primeras civilizaciones, se logró engrosar el conocimiento humano matemático hasta ir tomando este, una cada vez más sólida posición e importancia en el avance cognoscitivo de la humanidad; todo gracias al empuje y desarrollo que le imprimieron sociedades de antiguas civilizaciones con sed de nuevos conocimientos, dentro de las cuales supieron abrirse paso muchas de sus destacadas personalidades y cuyos nombres perduran hasta nuestros días; particularmente, y a modo de ejemplo, por su gran aporte a la matemática, sobresalieron antiguos filósofos, maestros y matemáticos *griegos*, entre quienes contamos, como acabamos de señalar, a *Euclides,* quién logró resumir toda la matemática griega de toda la *Mesopotamia* conocida hasta esos tiempos en su brillante, maravillosa y genial obra, *"Los Elementos".*

1.2- *Crear* matemática vs. *descubrir* matemática

Como hemos visto, cuando se trata del estudio de la naturaleza de la matemática, esta se remonta hasta los principios de las antiguas civilizaciones; entre ellas se destacó la *griega*; efectivamente, es en ese espacio y tiempo en el que nacieron las primeras corrientes filosóficas, comenzando ellas a estudiar muy a fondo y quienes se hicieron las primeras preguntas claves sobre todo lo concerniente al mundo de la matemática; son los inicios del *Platonismo, (o Realismo*, ésta última como una segunda acepción con la que se nombra actualmente a esta corriente).

Luego de siglos de relativa calma, en donde la matemática parecía fluir sin prisa, pero sin pausa desde los tiempos de *Euclides*, la ciencia en general y la matemática en particular entraron en una etapa de ebullición a lo largo de una franja regional que iba desde remotas zonas de *Asia,* hasta *Europa*, desde la *India* a la *china*. Esto conllevó al resurgimiento de profundas preguntas filosóficas y estructurales que al parecer se encontraban en estado latentes, que ya estaban instaladas en muchas de las ciencias y de las cuales la matemática no era la excepción.

A todo esto, hubo un grupo de destacas figuras de todos los tiempos que le significaron verdaderos vendavales a la ciencia, sobre todo para la física y la matemática; personajes de la talla de *Sir Isaac Newton (1643-1727), Gottfried Leibniz (1646-1716), Simón Laplace (1749-1827)* y otros tantos, todos ellos entre matemáticos, físicos e investigadores quienes les dejarían profundas huellas; así la matemática entraría en un auge imparable, y las postas que ellos dejaron en su seno, ya desde sus épocas de aporte a la matemática, fueron retomadas más acá en el tiempo, cerca del *siglo XXI* por nombres matemáticos de punta como *David Hilbert (1863-1943), Kurt Gödel (1906-1978), Paul Bernays (1888-1977), Georg Cantor (1845-1918),* quienes, en el primer cuarto del *siglo XX*, dieron mucho que hablar e investigar en un contexto de inevitables debates con respecto a la forma en que se produce o genera la matemática, sus fundamentaciones o, como ya señalamos más convenientemente, sobre la propia *naturaleza de la matemática.*

Claro que las corrientes filosóficas de la época, que dedicaban tiempo a estudiarla, no podían el perderse de participar en estas nuevas discusiones, por lo que también decidieron hacerse eco y aportar sus propias teorías e ideas a esa matemática a la que se la veía venir cada vez más moderna, más abstracta, cuestiones además alentadas por matemáticos del peso de *Leonhard Euler (1707-1783), Gustav Dirichlet (1805-1859)* y muchos otros.

Es entonces cuando al *platonismo* le surgieron corrientes rivales como la del *constructivismo*, también llamado *idealismo,* cuyos máximos defensores, a la vez que más radicalizados en un constructivismo estricto y rígido, fueron matemáticos como *Leopold Kronecker (1823-1891), Luitzen Brouwer (1881-1966), etc.*

Hacia fines del *siglo XIX* y mediados del *siglo XX,* surgieron corrientes dedicadas al estudio de *la evolución, desarrollo y naturaleza de la matemática* más conservadoras o moderadas, tal vez hasta conciliadoras y que se nutrieron de las ideas del *realismo* de *Platón* y también de las que provenían del *constructivismo*, lógicamente, estas decantaron en una corriente que no podría haberse llamado de otra forma que *realismo constructivista*.

La abstracción y el formalismo siguieron avanzando, adueñándose de la matemática del pasado *siglo XX*, ya que los matemáticos consideraron que ellas les daban una mejor y mayor libertad de acción a la hora de postular y estructurar sus trabajos e investigaciones al moverse en ese ámbito; a la vez que sentían la sensación de estar más autónomos y amparados al estar rodeados, todavía, de muchas corrientes de pensamiento sobre la disciplina matemática; ellos se sentían cómodos y con una mayor independencia en medio de ese formalismo.

1.3- Las distintas corrientes de pensamiento
1.3.1- *Platonismo* y el porqué del *Realismo*

Platón, para quien la matemática, al contrario de muchos de sus contemporáneos, no era un obsequio de los *Dioses del Olimpo*, pues él era un gran filósofo y como tal, no se contentaba con explicaciones mitológicas sobre las cuestiones que tenían que ver con la naturaleza; por el contrario, buscaba explicaciones racionales, aunque eso no era motivo para que no llegara a maravillarse de la perfección del universo del que era parte, y siendo siempre su propósito el de tratar de leerlo y entenderlo enteramente; además, poseía la herramienta adecuada que necesitaba para embarcarse en semejante empresa, los distintos *objetos, entidades* o *números,* a los cuales consideraba como *principios universales y* que se los proporcionaría la misma matemática; con ellos, iba a desentrañar el *universo todo,* comenzando por su lenguaje, ese que ya estaba dado y escrito en nuestro *Cosmos,* según su creencia.

Claro que sería su gran logro el llegar a ordenar en forma lógica aquellos *objetos entidades dados,* habitantes de ese *mundo de ideas y de formas,* junto a todos los objetos y relaciones de las que podría ocuparse la matemática; se podría decir que de los muchos, perdurables y notables *nombres propios* que nos brindó esta antigua civilización mesopotámica, es *Platón* quien lograría con creces ese ansiado y preciado desentrañamiento del universo.

El concepto de los *objetos entidades,* que para *Platón* y para muchos otros desde entonces, eran las entidades matemáticas que, como los números naturales, poseerían, ya de por sí, una existencia cuasi física, por no decir física, por ende, para él formaban parte de una realidad independiente a la nuestra; concibió y construyó así su propio mundo de *realidades matemáticas*, donde efectivamente tendrían vivencia propia, y no solo eso, sino que lo hacían con una existencia objetiva.

Aún más, según esta, su línea de pensamiento, podría ocurrir que si la humanidad de repente por algún motivo desapareciera, todas esas entidades matemáticas seguirán existiendo, y de allí que al *platonismo* también se lo llame *realismo*, en alusión a que todos los objetos matemáticos, para esta milenaria corriente, formaban parte de una realidad que los rodeaba casi a nivel sensorial y con independencia de cualquier sujeto pensante, más allá del tiempo y del espacio, en donde sus entidades matemáticas no serían producto de *invenciones*, sino más bien que deberían de ser *descubiertas*.

A los sabios griegos en su época, al igual que nosotros cotidianamente nos ocurre hoy día, veían triángulos, círculos y otras figuras geométricas por todos lados, tanto hechos por ellos, o sea los artificiales, como también algunos de índole natural; claro que todas esas clases de figuras terrenales, como tales, les eran imperfectos, y por lo tanto no es de extrañar que éstos filósofos se hicieran preguntas cuyas respuestas, seguramente ellos esperarían, los acercaran a la perfección, como por ejemplo, saber sobre cuál es la naturaleza de un círculo geométrico y cuál su mundo su existencia; eran serios interrogantes a responder y cuyos esclarecimientos se las debían a sí mismo.

Como ya dijimos, para este *realismo*, el *universo matemático* circundante, existe, aunque el sujeto pensante no sepa de él, o simplemente no lo conociera; es decir, notablemente este mundo real, tal como lo conocemos, para los *platónicos* no se vería afectado si nosotros, como individuos, no supiéramos nada de él, pero una vez que el ser humano lo llegó a percibir, entonces comenzó a darle significado y lo fue estructurando simbólicamente.

Según las narraciones de un alumno de *Platón*, éste les enseñaba el concepto de los *números idea,* que nacerían del número *Uno,* (*la Mónada*) y de la *Díada*; lo aseguró y lo dejó por escrito el propio *Aristóteles (385 ac-323 ac)* en su obra *la Metafísica;* se trata del alumno que llevó la filosofía de su maestro en forma escrita a la posteridad, ya que *Platón* no ha dejado legado escrito de su propio puño y letra alguno.

Los precursores de un *platonismo* del *siglo XX*, uno más refinado y desarrollado, fueron nombres, hoy ya famosos y de mucho peso; *Riemann (1826-1866)* y *Dirichlet*, más tarde, *Hilbert* y *Cantor* que hicieron explícito un *platonismo* fuerte; siendo *Cantor*, justamente, uno de los matemáticos que se animó a ir al límite en su rol de gran defensor de esta corriente.

Cantor mismo lo dejó bien en claro en una carta a *Charles Hermite (1822-1901)*, en el que sin ningún empacho da cuenta que, parte de su pensamiento, ya poseía una tendencia hacia la metafísica en sus ideas sobre la matemática; tenía la convicción de que algún día la humanidad llegaría a *Dios* a través de la ciencia, pero claro, eso sí, una vez que haya resuelto toda la matemática del universo.

Finalizando el *siglo XX*, las teorías y posiciones filosóficas en busca de la verdadera naturaleza de la matemática se multiplican, y algunas fijan interesantes posiciones, como las del matemático contemporáneo de nombre *José Ferreirós*, de la universidad de *Sevilla*, quien propuso distinguir entre dos géneros de *platonismo*; un *platonismo interno* o *platonismo matemático*, que encajaría mejor en una matemática moderna más abstracta y para la cual las entidades matemáticas estarían ya dadas, a las cuales *Ferreirós* las llamó de *existencia ideal;* su contraparte o versión fuerte, es el *platonismo externo* o *platonismo filosófico,* en el cual los objetos o entidades matemáticas gozarían de una *existencia real* o por lo menos, cuasi física.

Sólo por nombrar y sentar la existencia de algunas otras corrientes, cuyas posiciones nos son algo más contemporáneas que las del *platonismo*, podemos nombrar las del *crítico hipotético,* de *Gödel,* el *platonismo de compromiso*, perteneciente al lógico y filósofo *Orman Quine (1908-200)*, el *platonismo naturalista* de *Penélope Maddy*; etc.

Abunda, en las literaturas sobre filosofía de la matemática, una frase que suele endilgársela mucho a los matemáticos; ella reza:

-Se ha dicho que la mayoría de los matemáticos son platónicos entre semana y formalistas los fines de semana; es decir, desarrollan su trabajo matemático, sienten la necesidad de descubrir propiedades de entidades matemáticas independientes, aunque al verse acorralados para que justifiquen ese actuar, es entonces que adoptan la postura formalista, para no estar envueltos en problemas filosóficos u ontológicos-

Para *Cantor*, le era obvio una existencia *inmanente* en la matemática, haciendo que sus individuos sientan que se los deban dejar libremente, como matemáticos, el decidir sobre la cualidad de lo que es o no aceptable en todo lo que implique nociones matemáticas en el ámbito del pensamiento puro; pero como en todo ámbito aparecen límites, y en el caso que nos concierne, sería ese que separa lo *físico* de lo *no físico*, aunque esto implicase que de un lado y del otro de la frontera, se jugase a veces muy fino.

Precisamente, sobre ese estrechamiento en la frontera, entre lo que se considera real, y lo mental o del pensamiento, es que *Richard Dedekind (1831-1916)* se refirió con una reflexión muy ilustrativa del caso; así apuntó a que los matemáticos, si supieran a ciencia cierta que, el espacio físico o real fuera discontinuo, de todas formas, nada les podría impedir, si así lo quisieran, concebirlo continuo en sus propios e intrínsecos pensamientos; con estos dichos reforzó así la noción de *existencia matemática,* nacida esta de una concepción del *siglo XX*, en la que sin ningún empacho se reconocen *objetos matemáticos,* aunque estos son admitidos, eso sí, muy naturalmente, como habitantes únicamente del pensamiento o de la mente del matemático, y a los cuales *Hilbert* los llamaba *elementos ideales* y que bien podrían ser considerados como extrapolaciones, que permitiesen al matemático, cruzar la frontera desde el mundo real hacia el mundo abstracto de la matemática y viceversa.

Para *Hilbert*, la matemática era dueña y toda poderosa del ámbito del pensamiento puro; y los tres matemáticos, *Cantor, Dedekind y Hilbert*, coincidían en que, *existencia matemática* es sinónimo de *existencia ideal*, algo puramente fruto del pensamiento; eso sí, habría de ser un pensamiento sin que haya en él contradicción alguna; uno de los requisitos del formalismo predominante en esos tiempos.

Y si de retar límites y fronteras hablamos, *Gödel* llegó a los extremos al expresar, refiriéndose a los conjuntos y al término de haber analizado un trabajo de *Bertrand Russell (1872-1970)*, como de *objetos reales* a lo siguiente:

> *- "las clases y los conceptos pueden concebirse como objetos reales… me parece que la aceptación de tales objetos es tan legítima como la aceptación de los cuerpos físicos y que hay tantas razones para creer en la existencia de aquéllos como en la de éstos. Son necesarios para obtener un sistema de*

> *matemática satisfactorio en el mismo sentido en que los cuerpos físicos lo son para una teoría satisfactoria de nuestras percepciones sensibles, y en ambos casos es imposible interpretar los enunciados acerca de estas entidades como enunciados acerca de «datos»* ...

1.3.2- *Constructivismo* y el porqué del *Idealismo*

Como contracara del *platonismo*, surgió una corriente filosófica matemática que comenzó a considerar a las *entidades matemáticas*, ya no como parte de una realidad, una que bien podríamos llamarla platónica; es así que desde ahora, las colocaba en el lugar que ellos consideraban debieran estar, y del cual nunca debieron haber salido; es decir, en principio, en la mente de los científicos y matemáticos; lógicamente luego, por generalización, en la mente de todos los seres humanos; ya serían, entonces, estas *entidades matemáticas*, creaciones, el fruto de las ideas surgidas de nuestra mente y no más de allí.

Como corolario, resulta que nada podría llegar a impedir, a los que piensan así, y sobre todo a los que tienen el deber de transmitir el conocimiento matemático en cualquier nivel académico, que enseñaran ese conocimiento estando ellos muy seguros de que sus receptores, los legos, lo reciban pero como individuos independientes y creativos que son; es decir al a saciar su sed cognoscitiva como fruto de sus propias acciones; responde todo esto a la forma en cómo consideran los constructivistas a la adquisición de conocimiento y de cómo aprenden las personas, los seres humanos en definitiva; o sea, el *cómo* nosotros, los seres inteligentes, llegamos a conocer nuestro medio ambiente y la información que obtenemos de él y al cual llamamos, *conocimiento humano*.

A tono con esta línea de pensamiento, algunas pedagogías se expresan en tal sentido como si se tratase de una única realidad a la que consideran *objetiva*; motivo por el cual, para ellos, la función de enseñar matemática, sería la de una simple *transposición* de esa disciplina en forma de ideas y conceptos, y directamente a sus educandos.

Abundan corrientes que rayan en cuestiones metafísicas y que manifiestan otras posibilidades, como ser, una *realidad* consecuencia mental de las propiedades cognoscitivas de las personas; motivo por el cual correspondería, como un deber primordial, el nombrar entes para velar por una transmisión de conocimientos matemáticos en donde los individuos receptores cognoscitivos, y solo ellos, sean los que *construyan* esa realidad; por lo tanto, aparece una permanente necesidad de supervisar para que los transmisores cumplan ciertos índices y parámetros establecidos de lo que se haya definido como *objetividad*.

Si partimos de la referencia de lo que se suponen son los objetos matemáticos, entonces el *idealismo* sólo se concibe al establecer que el conocimiento humano es consecuencia de que el sujeto pensante viste de *ideas* a los *objetos* del universo que lo rodea.

Los más moderados en las corrientes, advierten de no caer en la tentación de correrse a sus propios extremos ya que podría significar la entrada, como advirtiéramos, a un terreno *metafísico*, cosa que ha sucedido en varias disciplinas, de esas que circundan las ciencias en todos los tiempos; son momentos en que se llega a negar a la realidad externa, ese mundo de objetos que nos rodea, con el consiguiente riesgo de ir reduciéndolo sencillamente a un mundo holográfico, producto de la conciencia humana.

Dentro del ámbito de la enseñanza de la matemática, a los que tienen el privilegio de enseñarla, nadie puede impedirles inclinarse por una u otra corriente de pensamiento filosófico sobre la naturaleza de la matemática; acorde a ello es que impartirán la enseñanza matemática a futuras generaciones, en mayor o menor grado. Suponiendo que tal vez haya pensamientos que lleguen a estar más afines al mundo del *platonismo*, ese universo que ya está escrito y perfectamente diagramado en cuanto a sus entidades matemáticas y sus relaciones, entonces en la balanza, estaría pesando más, el lado de los que bregan por el *realismo* de *Platón*; la consecuencia de un aprendizaje así, sería el de una ganancia de *experiencias en campos*, dicho sea de paso, la forma por la cual, paradójicamente, los antiguos griegos sentían verdadera aversión.

Con esto, se corre el gran peligro de no lograr sumar al conocimiento matemático de la humanidad; es una enseñanza en la cual debería considerarse el hecho de que los significados matemáticos, no serían cosas que pudieran aprender, ya que serían "algo" que deben buscarse en ese universo de *objetos ideas,* y en el cual el aprendiz matemático, al encontrarlos, le quedaría sólo el incorporarlos a su memoria cognoscitiva.

Por otro lado, un *constructivismo* sólido, coloca, ya lo sabemos, a la *realidad,* como construcción de la mente de las personas y a base de sus propias experiencias cognoscitivas; efectivamente consideran, esta vez sin negarlo, la existencia de un mundo real, el nuestro, pero convencidos en que los significados se logran como una construcción propia del individuo; por cierto, y notablemente, nos advierten que al ser que ningún sujeto es igual a otro, entonces ninguna realidad resultaría igual a otra.

Digamos que al igual a un pendrive al conectarla a una pc, ésta le transmite información; de forma similar, un individuo cualquiera podría transmitir la propia experiencia de su realidad externa a otras mentes, haciendo, de esta manera, que el otro crease sus propias conjeturas en el proceso; de paso ya tenemos la respuesta al por qué es que al *constructivismo* se lo denomina también *subjetivismo*; cada sujeto fabrica su realidad y pareciera que no hay lugar para construir matemática objetiva; todo dependerá entonces de los sentidos individuales y del entendimiento que cada uno llegase a lograr con la información que ha recibido.

1.3.3- *Constructivismo Realista* y el porqué de su *Dualidad*

Kuhn considera, en el capítulo VI de su ensayo *"La estructura de las revoluciones científicas",* que la frontera entre lo que es *descubrimiento e invento,* en la ciencia, llega a ser a veces bastante difusa, aunque acepta que suele suceder, en algunas investigaciones, hechos o fenómenos muy particulares en que estos dos términos, llegan a coincidir, a veces, en una misma línea o camino que las conecta la una a la otra, o sea, del *invento al descubrimiento* y viceversa, y sin que ello significase fallar en contradicción alguna.

Karl Popper (1902-1994), austríaco, considerado uno de los filósofos de la ciencia más importante del siglo XX, es el que al fin les otorga un aire de renovación a las corrientes existentes en su época; propuso lo que nace como una idea superadora de las dos corrientes de pensamientos tratados más arriba, para él, las entidades u objetos de la matemática pasaban a ser invenciones de las personas, de los seres humanos; la diferencia sustancial con las corrientes anteriores, está en que estos *objetos* poseerían la habilidad intrínseca de independizarse de la humanidad, es decir, de nosotros, de quienes las creamos; así, ellas tendrían el camino libre para constituir sus propias relaciones, leyes y pudiendo entrelazarse generando así, conjeturas y las obvias consecuencias, las cuales, estas últimas, quedarían para ser, nuevamente, resueltas o descubiertas por investigadores y matemáticos, tal vez hasta por alguno que las haya concebido; un ciclo del que por suerte hay varios ejemplos y de variada complejidad; a continuación se narra un ejemplo.

CONJETURA DE GOLDBACH

Los números son un invento de nosotros los humanos y precisamente, es en la teoría de números, donde existe uno de los problemas sin resolver más antiguos, la denominada *Conjetura de Goldbach*. Su autor fue el prusiano *Christian Goldbach (1690-1764)*, y su conjetura aún sigue sin que la matemática teórica la pueda probar.

Se han encontrado cartas cruzadas entre *Goldbach* y otro gran matemático contemporáneo suyo, el suizo *Leonhard Euler* (1707-1783), a quien el autor de la conjetura lo invitó a conocerla, entre otras alternativas, a través de formulaciones y planteos con números primos como lo siguiente:

"todo número par mayor que dos, puede escribirse como suma de dos números primos"

$$4 = 2 + 2$$
$$6 = 3 + 3$$
$$8 = 3 + 5$$
$$10 = 3 + 7 = 5 + 5$$
$$12 = 5 + 7$$
$$14 = 3 + 11 = 7 + 7$$
$$16 = 3 + 13 = 5 + 11\ldots$$

Preguntas cómo, *¿hasta qué número se cumpliría esta regla?, ¿se cumplirá siempre?*, son las que enseguida surgen al ruedo y aunque se trate de un ejemplo sencillo, igualmente nos ilustra cómo el simple hecho de habernos inventado un sistema de numeración eficaz, sin embargo, no evitó que haya surgido automáticamente un problema o conjetura indemostrable hasta el día de hoy, y esto sin que el ser humano se lo hubiera propuesto.

Siguiendo la secuencia en que van apareciendo en la anterior serie creciente, los números primos positivos, (aquellos números naturales mayores que 1 y que solamente son divisibles entre el 1 y por sí mismos), éstos aparecerán, en dicha serie, cada vez más distanciados entre sí, y por lo tanto con menos frecuencia en ella; pronto surgen de nuevo preguntas que hasta hoy día tampoco se le han encontrado respuestas:

- *¿Terminan por distanciarse tanto entre sí a medida que se avance en la serie, tanto que al final desaparecen debido a que la brecha entre ellos se hace infinita?*
- *¿Existirá un número primo máximo?*

Hemos apreciado así, claramente, la concepción *Popperiana*; una vez que una mente hace su creación matemática y ésta logra el objetivo de solucionar un determinado problema objetivo, nada garantiza que, como parte de esta creación, algo de ella se independice, pudiéndose revelar en forma de algo indeseable y, volviéndose a convertir en un problema, que paradójicamente, ni siquiera científicos ni matemáticos sean capaces de resolverlo, tal vez, durante un largo tiempo.

1.3.4- Otras perspectivas

Cada vez más gana terreno la aceptación sobre que las nociones abstractas, manejadas en matemática moderna, existirían más bien en la mente de los matemáticos, o si se quiere generalizar, en la mente de las personas que se abocan a ella, pero no más de allí; serían nuestras propias creaciones como seres inteligentes que somos, susceptibles de que las definamos con propios criterios. La mente humana es una capaz de inventar mundos ideales, más hoy tenemos la capacidad de usar todo nuestro bagaje lingüístico adquiridos durante milenios en nuestro hablar y con las apropiadas habilidades para comunicar de qué se tratarían esos mundos ideales.

El problema en estos casos, es de cómo sustentar o soportar la *objetividad* de la matemática con objetos matemáticos de *existencia ideal*; la clave para obtener una respuesta está implícita en lo expuesto en el párrafo anterior; es decir, como seres humanos que somos, nacidos en un mundo totalmente *objetivo,* obtuvimos un gran logro evolutivo a cuestas, el de nuestro lenguaje comunicacional, aunque a su vez este es totalmente *subjetivo*; esto nos conduce inevitablemente a tratar de hallar respuestas en el entendimiento que logramos al ejercitar una notable dialéctica entre lo que entendemos de lo que es *objetivo* y lo que es *subjetivo*.

Leopold Kronecker (1823-1891), a quien se le atribuye la famosa frase "*Dios creó los números naturales, todo lo demás es obra del hombre*", también se balanceó entre distintas corrientes; primeramente dándole la derecha a los más radicalizados *platonistas* expresándose a su favor, en el sentido de que los números, tal vez, sí existieran físicamente, pero por otro lado, todo lo que inevitablemente le seguirían a ellos, después de suponer como cierta tan audaz afirmación, es decir, los axiomas, postulados, teoremas y enunciados matemáticos en general, esos sí los consideraba creaciones de los matemáticos, simples invenciones matemáticas.

Popper ensayó una respuesta dirigida a *Kronecker*: - "*En oposición a esto, yo digo: los números naturales son obra humana, son un producto colateral del lenguaje humano, de la invención del contar y del seguir contando*".

En definitiva y para ser sintéticos, si nos atenemos solamente a las tres principales corrientes de pensamiento y al mirarlas desde cierta distancia, se las observa a todas ellas transcurriendo en un mismo sentido, ni más ni menos que para contribuir a la *evolución de la matemática*. Si se lo desea podemos agregar que hasta lo hacen en un sentido "lineal" en el tiempo. Sin prisa, pero sin pausa, van contribuyendo paralelamente a la causa matemática mientras están sumergidas en un mismo paradigma científico que las va rigiendo simultáneamente. Esto es algo que se trató de reflejar en el siguiente esquema gráfico.

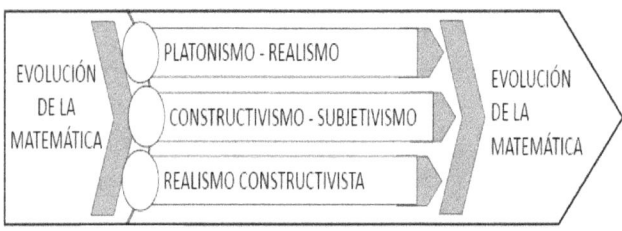

1.4- *Síntesis al Capítulo I*

Sobre el *Platonismo*:

Esta corriente sustenta la idea de que si bien hay tangibilidad en las *entidades matemáticas*, el producto matemático en cambio, surge de la mente de los matemáticos, y que al ser plasmados en teorías, hipótesis, expresiones y ecuaciones matemáticas, no sería ni más ni menos que comparable al trabajo de los investigadores empiristas; es decir, se limitarían únicamente a un trabajo detectivesco, un accionar de solo *descubrir*, algo así como el armado de un simple rompecabezas y muy lejos de cualquier creación o construcción de propiedades para los objetos matemáticos que estudian; objetos éstos, que para ellos no cambian, son inmutables debido a su naturaleza platónica ya que las premisas matemáticas tendrán el valor de ser verdaderas o falsas, según las entidades u objetos matemáticos con cuales se los refiera; son *verdaderas* o *falsas* aún si no existiéramos como raza humana.

Cada vez más, la frase, "*el problema del platonismo*", ocupa la atención de matemáticos y filósofos en muchas de sus literaturas; es que esta corriente, al considerar fuertemente la existencia de entidades matemáticas como que forman parte de un mundo real y no de nuestras mentes, va atentando fuertemente en contra del naturalismo de la ciencia moderna; es lo que hace que vaya perdiendo su fuerza en el ámbito de la matemática.

Sobre el *Constructivismo*:

El *constructivismo*, también llamado *idealismo* o *subjetivismo*, sustenta la idea de que las *entidades matemáticas* no sobreviven sin el ser humano, están supeditado a él; ellas son en sí mismas, nuestras ideas, fruto de nuestra fisiología mental cerebral; si por alguna razón evolutiva nuestra forma de pensar cambiara, esas relaciones, objetos y entidades matemáticas serían también distintos.

Así como en el *platonismo*, a esta corriente también se le detecta problemas; su línea de pensamiento generaría una notable consecuencia, aunque extrema, sería el hecho de supeditar o entregar toda la disciplina matemática a las ciencias psicológicas; pero lo que posee a su favor, es que las ideas mentales que uno se construya de determinadas entidades matemáticas, no variarían si cambiamos de sujeto pensante; es decir, figúrese mentalmente la imagen de un rectángulo; verá que la definición de esta figura es la misma para cualquier ser pensante, por más que usted se la haya imaginado mentalmente como grande, chico, de lados distintos o no, distintos colores, etc. que a la de otro individuo.

Sobre el *Realismo Constructivista*

En el análisis que acabamos de realizar sobre las dos anteriores corrientes filosóficas que estudian a la matemática, *platonismo y constructivismo;* ambas sustentan ontológicamente a las *entidades matemáticas* dejando en claro qué en sus líneas de pensamiento, cada una poseen una parte de la razón; aunque también conservan posiciones que las van haciendo menos probable de seguir siendo aceptadas en las bases de la matemática moderna.

Desde el momento mismo en que se construye un sistema axiomático, sea en geometría o en matemática, se podrán hallar, a la vez que surgirán, soluciones a ciertos problemas que se nos irán presentando, pero también, como corolario, inevitablemente aparecerán nuevos problemas a resolver; la pregunta es, esos problemas *¿ya existían?; ¿esperaban ser descubiertos?*

La conclusión lógica se inclina más a favor de un pensamiento *popperiano,* en cuanto a que una vez que los matemáticos conciben *entidades matemáticas*, éstas se sublevan y escapan de los límites mentales del ser humano para así transformarse en entidades independientes de la humanidad; se hacen autosuficientes y con sus propias leyes, las cuales no podríamos cambiar, pero sí interrelacionarlas entre sí.

Hasta aquí *Popper* nos propuso, entonces, a una *matemática* en el marco de la dialéctica entre *creación y descubrimiento*; el investigador primeramente le construye *entidades matemáticas,* las crea, pero éstas se independizan al momento de esa *creación*, dándole nuevamente trabajo al matemático, pero ahora netamente uno de *descubrimiento*.

Esa *creación* matemática, que no es ni física ni mental, es puesta por *Popper* al nivel de las creaciones más sublimes, el de la cultura humana y tal cual una obra artística, se transformará en autónoma una vez creada; en propias palabras de Popper:

> - *"cada gran obra de arte trasciende al artista. Al crearla, éste interactúa con su obra: recibe constantemente sugerencias de su obra, sugerencias que señalan más allá de lo que él pretendía originalmente. Si posee la humildad y la autocrítica para prestar oído a estas indicaciones y aprender de ellas, creará una obra que trascenderá sus propias facultades personales"* -

CAPÍTULO II

"La línea, por breve que sea, consta de un número infinito de puntos; el plano, por breve que sea, de un número infinito de líneas; el volumen, de un número infinito de planos. La geometría tetra dimensional ha estudiado la condición de los hipervolúmenes. La hiperesfera consta de un número infinito de esferas; el hipercubo, de un número infinito de cubos. No se sabe si existen, pero se conocen sus leyes".

Jorge Luis Borges.

2. MATEMÁTICA, OTRAS CIENCIAS y SU MECANISMO DE GENERACIÓN

Los cambios de *paradigmas* se viven como verdaderas revoluciones, pero antes de llegar a describirla, veamos algunas curiosidades o fenómenos del tipo sociológico y que suelen pasar inadvertidos, pero que hacen a la cuestión. Existen ciertos sectarismos a los cuales bien podríamos denominar *sectarismos virtuales*; son, ni más ni menos, que vivencias y experiencias propias a cada sujeto en formación académica y que, de alguna manera, por tal motivo, se van interponiendo o creando interferencias con la formación de sus pares académicos en idéntica situación, por ejemplo, entre futuros matemáticos o entre científicos en general; cada uno, recibe y percibe sus propias experiencias académicas durante sus períodos de formación, y estas, de algún otro modo, serán distintas entre sí, aunque se dé entre miembros de una misma comunidad o disciplina científica. Por lo tanto, esto traería como consecuencia, que los efectos de un potencial cambio paradigmático en la ciencia, no necesariamente les serían de del mismo impacto a todos ellos; esto gracias, en parte, a este fenómeno sociológico de distanciamiento académico o como bien dijéramos, *sectarismo virtual* acaecido durante sus períodos de formación.

Por lo tanto, podría llegar a ocurrir que se den efectos moderados y casi desapercibidos en un mismo sector, o disciplina de la ciencia, en la que esta revolución o cambio de paradigma se esté dando. Todo esto pareciera contradictorio si tenemos en cuenta que se está ante *"la ciencia"*, famosa por poseer un alto grado de solidez , robustez y que al contraponerla a una supuesta gran fragilidad, da la impresión de que un solo *golpe paradigmático* bastaría para romperla; pero precisamente esta es la novedad; un cambio de *paradigma* es asimilada por ella de una manera muy distinta, casi hasta amortiguada en la percepción de sus individuos, ya que estos pudieron haber experimentado una formación científica en situaciones y formas diferentes, a pesar de haber sido pares y aun siendo que se hayan formados en una misma disciplina científica.

2.1- Matemática: generación.

Como para tener una primera idea de la forma en que se crea matemática, es decir, de conocer ese mecanismo que permite que ella surja, podemos pensar en un interesante concepto que proviene desde un *formalismo radicalizado,* en el cual la matemática resulta de la idea de *combinar símbolos,* que en sí mismos y en forma independiente, no significarían nada; entonces todo es cuestión de arreglar esa simbología para formar las expresiones con coherencia y sentido lógico, de las cuales, también regladas, provendrán las expresiones, ecuaciones y demás; es entonces que el matemático sólo se dedicaría a la deducción formal.

Es este *formalismo* el que exige, de la disciplina matemática, el estudio *total* de todo aquello que sea matemático y parte consistente de un sistema formal; pero sucede que es una de esas exigencias que no son acatadas, ya por una cuestión de costumbre, por ningún matemático; ellos la sobrepasan sin filtro al dedicarse directamente a sus propias investigaciones que le surgen de todo aquello que le ha generado problemas, o por un simple interés personal de abocarse a investigaciones pasadas, por ejemplo, y de las cuales tienen para elegir de entre miles de las disponibles. Entre líneas, se puede entrever en esto, una crítica al *formalismo,* en el sentido de que se parece mucho a una crítica que ella misma hace a lo que es *intuición* en matemática, la que tanto detesta que suceda en sus investigaciones. En definitiva, el matemático, desobedece lo formal y lo estructurado durante su trabajo abstracto habitual, siente que así podría llegar más lejos en la abstracción para sus determinaciones matemáticas.

Otra forma de creación posible de matemática se ve en el pensamiento de *Bernays,* en el que básicamente la matemática de hoy, trabaja y se desarrolla en el uso de *objeto asumido* solamente por una cuestión de una cierta costumbre remanente de la matemática clásica, ya que aún no había un *constructivismo* muy asentado hasta entonces. Por ejemplo, en lo que respecta a la existencia de una frontera, entre lo físico de la naturaleza y lo abstracto de la matemática, contemporáneamente se calificaría a eso como de una cuestión *metafísica,* un pensamiento pre moderno sobre algunas magnitudes físicas que obedecerían a la idea de un *continuo matemático.* Los matemáticos de hoy día ya tienen incorporado que esa relación de inmediatez entre lo físico y lo matemático ya no es tan así; y la descartan.

A estas alturas ya sabemos muy bien que el *platonismo* más estricto posee el credo de *la realidad de la matemática,* de una realidad matemática tangible que coexiste con nosotros en el mundo físico que nos rodea, e impactando en nuestros sentidos, o como bien dirían en la *Antigua Grecia,* con impacto en nuestro mundo sensible gracias a esa *realidad matemática perceptible*. Por lo tanto, los platónicos descartan en primera instancia, la palabra *creación* en matemática; ellos siguen ejerciendo un *apriorismo*; en palabras de Hilary Putnam *(1926-1916)*:

> - *"Desgraciadamente, la creencia en la objetividad de la matemática ha ido, en general, junto con la creencia en los 'objetos matemáticos' entendidos como una realidad incondicionada y no física, y junto con la idea de que el tipo de conocimiento que tenemos en la matemática es estrictamente a priori. La intuición que se postula debe hacer que tengamos un conocimiento cierto y seguro de las proposiciones matemáticas, que son, pues, verdades en sentido estricto. Ni que decir tiene que el desarrollo de la matemática en el último siglo y medio ha planteado graves dificultades a un planteamiento tan ingenuo. Pero ya veremos que hay versiones sofisticadas del platonismo, como la de Gödel"* -

Así como la *Geometría Euclidiana,* de más de dos milenios de antigüedad, aún hoy sigue en plena vigencia y que perduró casi invicta hasta fines del *siglo XIX* e inicios del *XX*, de esa misma manera, el *platonismo* también fue adoptado y sostenido por matemáticos de gran renombre; por ejemplo, en esos tiempos, *Hermite, Frege, Cantor,* etc.

Éste último es quien *concibió* la teoría de conjuntos transfinitos, y podríamos aprovechar de ejercitar un poco los conocimientos adquiridos hasta ahora al abrir un juicio de valor sobre si *descubrió* o *inventó* esta teoría, pero digamos solamente que él era defensor a ultranza del paradigma del *descubrimiento. Cantor* sofisticó dos sentidos de *realidad* qué veía en el *platonismo;* así, en función de ello, hablaba y trabajaba matemáticamente también en esas dos realidades; una que era *inmanente,* hábitat de la matemática; la otra, *transiente,* dominio del naturalismo y la metafísica; además, afirmaba que la matemática, al existir indudablemente en la naturaleza y como consecuencia de ello, todas las teorías se hacen sentir impactando directamente en el mundo natural. Este tipo de afirmaciones, Cantor las estaba haciendo un poco antes de su proceso o enfermedad maníaca depresiva, pero su aporte al mundo matemático fue grandioso y genial.

Otro matemático radicalizado era *Gödel*, con una línea de pensamiento sobre la creación de matemática basada en el *platonismo* y su concepción apriorística del conocimiento matemático; el daba por sentado que a la matemática se la va descubriendo debido a lo *dado* sobre ella, de allí lo de *apriorismo;* un *Gödel* que apoyaba la noción de *intuición matemática* llamándola *percepción de los objetos matemáticos*, la cual llegó a equipararla con la *percepción sensible de la realidad física*, mostrando así su lado más radical de *platonismo*.

Hay situaciones que tienen que ver con el surgimiento o creación de matemática, que la ciencia a veces las padece en forma de curiosas situaciones sociológicas, y aparentemente inconexas, por ejemplo, habíamos visto ya que esto sucede entre investigadores que hayan llevado una preparación académica y prácticas de investigación durante su formación simultánea, pero con sus propias asimilaciones intelectuales individuales, viviendo sus propias experiencias en la resolución de problemas matemáticos. Supongamos a un físico y un químico; se podría pensar que, por formación y afinidad entre sus disciplinas, tendrían mucho en común, sin embargo, existirán ciertos casos puntuales y en contextos particulares, en que no coincidirán en sus apreciaciones sobre una misma cuestión científica, a pesar de estar refiriéndose a la misma cosa, todo ello por estar, debido a sus preparaciones, en distintos paradigmas científicos circunstanciales.

En matemática se pueden encontrar rasgos y formas antiquísimas de como a ella se la *crea,* y notablemente algunas, de una manera constructivista, cuasi helénica se podría decir; por ejemplo, desde la *Antigua Grecia,* tenemos el caso de *Arquímedes de Siracusa (288 ac-212 ac)*; si bien uno esperaría de él que sus legados fueran más bien ingenieriles, sobre resoluciones en cuestiones de física y de la naturaleza, lo que hoy llamaríamos de física clásica y además, y muy importante, con poca matemática abstraída; pero con el descubrimiento asombroso, en 1906 en *Constantinopla,* de un palimpsesto escrito de *Arquímedes* al que él mismo llamó *"El Método"*, salió a la luz algo muy curioso sobre sus tratamientos matemáticos.

Él, en esta obra inédita, hizo un relato filosófico de métodos intuitivos y heurísticos con el que algunas veces abordó, e aquí lo curioso, en una forma totalmente constructivista, a la matemática de su época, dándole tratamiento de forma axiomática sin que tampoco le faltasen las expresiones necesarias al caso; ligó, de esta manera, sus propios estudios empíricos, a una matemática a la que axiomatizo en forma básica, precisamente en esa sociedad griega que se jactaba de usar únicamente el intelecto para las cuestiones científicas matemáticas, siempre con la importantísima ayuda, claro está, de su deporte favorito que ellos mismos inventaron, la *filosofía*.

Un ejemplo más de cómo va surgiendo matemática a través de la historia, lo tenemos si pensamos en otro hito importante y trascendental en la *historia de la matemática*; el nacimiento del *Cálculo* impulsó la construcción de la mejor pista para la matemática en sus tres posteriores siglos, siendo este un buen ejemplo, en donde podemos encontrar una huella explícita de cómo el *empirismo*, y de nuevo la *intuición,* jugaron un papel fundamental en la concepción de la matemática, poniéndose en evidencia nuevamente como se presenta siempre esa *dialéctica* entre el mundo físico y el mundo matemático. Un claro ejemplo lo encontramos nuevamente en *Newton*, quien logró atar las nociones más abstractas de la matemática, a la física y a la lógica, sintetizándolas en varias de sus teorías más famosas sobre cinemática, dinámica y otras.

2.2- Matemática: evolución

Sobre la *evolución, desarrollo y naturaleza de la matemática,* algunos estudiosos contemporáneos, como

Ángel Ruiz Zuñiga, piensan, sobre todo en lo que respecta a la naturaleza de la matemática, que hoy día y en su estado actual, ha de aceptarse cierto cambio de roles entre lo que representan *entidades matemáticas* y el *ser pensante* o matemático; esto es, los objetos matemáticos pasan a ser *subjetivados* y el ser pensante a ser *objetivado* introduciéndose como una variable de estudio más, conformando así un engranaje fundamental en la *construcción de matemática.*

Ah de ser entendido esto como un cierto modo de dualidad o *dialéctica* en la que, tal vez, se pueda entrever una cierta y aparente contradicción en esa relación que hay entre el pensamiento inicial que significa una *abstracción* en el mundo de la matemática, la que muchas veces y paradójicamente casi termina siendo pensada, ni más ni menos, que como una *realidad* de estudio en el mundo físico; ante esto, *Ruiz* antepone una mirada en relieve y en vez de encontrar allí una contradicción, visualiza una consecuencia de esa relación; él la denomina *relación material entre sujeto-objeto*; en sus propias palabras:

> *"De hecho, yo me aventuraría a decir que en general este es el mecanismo básico a partir del cual se edifica todo conocimiento científico. Conceptos matemáticos como los de infinito, o el de continuidad, corresponden precisamente a una realidad que no podemos decir que exista en sí misma sino a partir de una relación entre el objeto y el sujeto epistémicos."*

Y prosigue:

> *"Si las matemáticas deben verse, como construcciones en las cuales intervienen el objeto, y el sujeto y lo social, en las proporciones que correspondan, entonces, la construcción matemática debe verse como un acto histórico; es decir* **la construcción matemática es histórica.** *De lo que se trata para quien estudia la evolución de las matemáticas, es de estudiar en cada momento cuáles fueron los factores que generaron los resultados matemáticos planteados. A veces, la conexión con las otras ciencias puede ser lo decisivo, a veces las necesidades de la técnica y la vida práctica, a veces las necesidades de la coherencia lógica, a veces las intuiciones subjetivas más extrañas. En la aventura de la* **construcción matemática** *los factores decisivos pueden ser muy variados y diferentes. No existe una receta universal a priori..."*

Pero volviendo un instante la mirada al ensayo *"La estructura de las revoluciones científicas"*, de *Kuhn*; en su capítulo VI, que se titula *"La anomalía y la emergencia de los descubrimientos científicos"*, hace un tratamiento sobre las revoluciones científicas o cambios en el paradigma científico establecido y menciona algo que da nacimiento a los interesantes términos que ya conocemos, los de e*nigma* y *anomalía*, entre otros.

Kuhn define entonces al *enigma* como aquella actividad rutinaria de búsqueda de respuestas; es llevada a cabo por los investigadores científicos para dar respuestas o resultados dentro de los cánones que le rigen contemporáneamente, y dentro de la *ciencia normal,* es decir, la ciencia de su tiempo y en la cual se encuentra inserto.

En cambio, la noción de *anomalía* da cuenta de un nivel aún más elevado de complejidad y que le sigue a la condición de *enigma*; al no poder ser resuelto este último con los estándares que la *ciencia normal* posee ya definidas, por más que recorran esa *gran biblioteca matemática,* (aludiendo la analogía de la introducción), no hallarán *libro* alguno que les sirva para poder desentrañar el *enigma* en cuestión; es decir, el *enigma* deja de ser tal en el mismo instante en que se declare que no hay una resolución satisfactoria a la misma, a pesar de los varios y serios intentos científicos a tal fin; por lo tanto pasará, desde ese momento, a cambiar de categoría y nombre, se la denominará, *anomalía*, siendo este un nivel que requiere y necesita de más investigaciones, métodos y herramientas matemáticas inéditas para llegar a resolverla en su totalidad.

Una *anomalía,* para *Kuhn*, tiene la función similar a la de una de "válvula de alivio"; la posee la *ciencia normal* para que se active durante algunos de sus procesos que se dedican a descubrir o inventar durante sus investigaciones científicas. Precisamente, esa función de la *anomalía*, es la que deja siempre abierta la puerta a que se den condiciones ideales para que se produzcan profundos cambios de paradigmas establecidos en la ciencia vigente o *ciencia normal*.

Cuando finalizan exitosamente las investigaciones científicas de nuevos fenómenos, o por lo menos de aquellos que aún no tenían explicación científica alguna, entonces inmediatamente surge la necesidad del riguroso lenguaje teórico matemático, es decir, el paso o salto del hecho *descubierto,* a la necesidad de *inventar* la matemática necesaria para su explicación, lo que llamaríamos una completa teoría explicativa y matematizada; *Kuhn*, en lugar de marcar una diferencia entre *descubrimiento/invención,* y tomarlos por separado, se enfocó más bien en ligarlos en un único *proceso,* uno que juega a un fin común, y entre estos, la *anomalía* sería la amalgama o disparador perfecto para ello.

Kuhn también hizo referencia a cómo evoluciona y se desarrolla esa *dialéctica fáctica abstracta* entre la matemática y la naturaleza, dentro del ámbito académico científico. Menciona también lo visto en párrafos anteriores, con respecto a el hecho del *sectarismo* existente entre los miembros de una misma comunidad científica, la que habíamos dado en llamar, *sectarismo virtual*; concepto o idea que puede ejemplificarse entre profesionales de distintas disciplinas científicas, como ser, entre físicos y matemáticos; es decir, de cómo dentro de una determinada especialidad común a esas dos disciplinas, en las que ellos se hayan preparado y de cómo a pesar de todo, se encontrarán limitados sí, comunicacionalmente, debido a pertenecer a distintos paradigmas científicos durante su formación; tendrán notables diferencias, tanto conceptuales como fácticas, aunque hayan sido formados en una misma especialidad, por más que hayan sido afines o iguales disciplinas; las diferencias serán notables por sus experiencias personales distintas.

Esto trae aparejado, según *Kuhn*, que un potencial cambio revolucionario de paradigma, que estuviera germinando en determinada especialidad o disciplina científica, no necesariamente llegará a sacudir a toda una comunidad científica o la ciencia toda; precisamente, debido a ese *sectarismo virtual,* un cambio de paradigma no siempre ha de ser veloz y traumático a todo nivel científico, al contrario, podría llegar a tomar muchos años en ser percibido si su avance es gradual en el tiempo.

Parte de cómo evoluciona y se desarrolla la matemática, a veces también resulta de cómo abogan por ello sus principales afectados e interesados, en este caso los matemáticos parecen trabajar en pos de esa opción, la de una evolución revolucionaria menos traumática; en palabras de *Cantor* escritas en el año 1883:

> - *"El matemático debe ser completamente libre en el desarrollo de sus ideas, y que las únicas restricciones consistan en que dichas ideas estén libres de contradicción, bien definidas, y que entren en relaciones ordenadas con las nociones matemáticas previamente aceptadas"-*

2.3- *Síntesis al Capítulo II*

Con respecto a las ciencias o disciplinas científicas que resultan ser más apáticas a la matemática, parecieran ser éstas las que presentan menores niveles de desempeño científico abstracto, ya que, al no realizar los esfuerzos adecuados en el desarrollo de sus propias metodologías, para tratar de incorporan la matemática apropiada que les mejore así el sustento científico de sus propias investigaciones, casi no entran en conflicto con ella. Por lo tanto, es menester que aquellas articulen factores que logren desarrollar mecanismos de creación y evolución, mejorando de esta manera sus estándares científicos de investigación.

Está visto que hay distintos puntos de vista sobre la naturaleza de la matemática, sobre todo a nivel filosófico, afectándola directa o indirectamente en menor o mayor medida, pero también se encuentra muy influenciada y afectada por su relación con las demás ciencias.

Si bien vamos teniendo una pista del porqué de una apatía generalizada hacia la matemática, tanto en lo social como en el ámbito científico, lo saludable es que cuando ella les ofrece a las demás ciencias sus ecuaciones, expresiones o teorías matemáticas, a la vez que responde positivamente a todos los requerimientos, esas ciencias no se preguntan entonces, mucho menos filosóficamente, de cómo la matemática concibió esas entidades, objetos matemáticos, etc.; lo que a ellas les es realmente importante y de su interés, es salvar sus propias hipótesis de los embates que seguramente sufrirán de parte de la comunidad científica y que salgan airosas, para formar parte al fin, del mundo de la ciencia.

CAPÍTULO III

> *"... gran parte del desarrollo intelectual de Newton se puede atribuir a esta tensión entre racionalismo y misticismo... a los 20 años adquirió un libro de astrología, <<sólo por curiosidad de ver que contenía>>. Lo leyó hasta llegar a una ilustración que no pudo entender porque desconocía la trigonometría. Compró entonces un libro de trigonometría, pero pronto vio que no podía seguir sus argumentos geométricos. Encontró pues un ejemplar de Los Elementos de Geometría de Euclides y empezó a leerlo. Dos años después inventaba el Cálculo Diferencial".*
>
> **Carl Sagan.**
> COSMOS

3. INVESTIGACIÓN CIENTÍFICA: EL RESPALDO QUE LE DA LA MATEMÁTICA

Dentro del contexto de la ciencia y si de una de sus investigaciones se trata, no queda otra que la matemática esté siempre en guardia, ya que existe una gran probabilidad de requerir sus servicios; tengamos en cuenta que ciencias como las sociales o la biología no necesariamente necesitan de matematizar sus teorías, en cambio para ciencias como la física, entonces allí sí, es impensable la una sin la otra, la matemática será su esencia vital.

Hubo un tiempo, en los albores de la matemática moderna, en donde a las *investigaciones* físicas y de la naturaleza en general, en esa eterna búsqueda de explicar sus mecanismos de funcionamiento, se las solía calzar con teorías científicas a medida, preexistente y ya previamente *matematizadas* por un hábil y experimentado matemático; era la época en que éste, hasta llegaba a convencerse a sí mismo que la abstracción que había logrado en sus expresiones matemáticas, eran un fiel reflejo del hecho físico que explicaba.

Hoy día, pocos llegan a afirmar algo así, claro está que la matemática sigue siendo el mejor e indiscutido respaldo para el resto de las ciencias, aunque se ha llegado a un punto tal, en las investigaciones del universo, en el cual tales abstracciones matemáticas, sobre todo en esa idea muy generalizada entre los matemáticos de la época, en que el concepto de un *continuo en la naturaleza,* en realidad fuera el fiel reflejo de su correspondiente *continuo teórico logrado en las ecuaciones* matemáticas; esto hoy ya no tiene cabida.

Un ejemplo aclara esta situación; resulta que en la ciencia de hoy, se ha determinado que el vacío de nuestro universo, y de acuerdo con lo que acabamos de decir en párrafos anteriores, ya no es el *continuo* que se idealizaba en las ecuaciones matemáticas, sino que por el contrario, el mismo en realidad está *cuantificado*, o si se quiere, el vacío esta granulado en un tamaño al que han bautizado como *Longitud de Planck*, de valor $1,6 \cdot 10^{-35} metros$, siendo el de menor longitud posible de la que sabemos hasta ahora.

En definitiva, de lo que se trata, ahora que hemos puesto en su lugar la *idea del continuo en la naturaleza* física, es de cuáles y cuanto, las teorías puedan llegar a acercarse más a la descripción de determinados fenómenos de la realidad, algo así como si se tratase de una medida o escala para valorar su respaldo matemático a esas teorías científicas.

3.1- Arreglando desarreglos

En la práctica, sin embargo sucede que las muy buenas y nuevas teorías que van apareciendo para tratar de respaldar, con sus explicaciones, a la realidad lo mejor que les sea posible, y a pesar de que estas, muchas veces son muy bien acogidas por su simplicidad y éxito gracias a sus demostraciones inéditas, por lo general van dejando algunas "migas" en el camino; es decir, ellas llegan a explicar los fenómenos físicos muy fidedignamente en aproximaciones muy buenas, sustentadas y bastante sólidas, pero salen sobrando ciertas cuestiones remanentes debido a que llegan a sacrificar, aún por indescifrables, algunas explicaciones científicas en el proceso.

Sucede que, si una determinada teoría funciona bien explicativamente, ya sea en su forma más general, sobre un fenómeno en particular, esto les alcanza a algunos matemáticos que suelen quedar satisfechos; consecuencia de ello es que con este accionar se van auto imponiendo *limitaciones de concordancia,* e indeseablemente y, en definitiva, se van transformando en retos teóricos para la matemática y los matemáticos de generaciones posteriores; son quienes en el futuro deberán lidiar e hilar fino con esas cuestiones matemáticas sacrificadas.

Tomemos, como para ejemplificar esto último, un par de teorías de *Newton* en el que sus expresiones matemáticas tratan algunos asuntos sobre fenómenos físicos; en su explicación del mecanismo con el que debe funcionar el péndulo, él no consideró a un cuerpo material oscilando, sino más bien, a un punto material; además no tomó en cuenta el efecto del rozamiento con el aire, por lo que su teoría funcionó muy bien explicando muchas cosas que hasta el momento no tenían explicación sobre dicho mecanismo físico, y por ello, el asunto de darle una explicación científica a la masa oscilante, ya conformando un volumen o en espacio de tres dimensiones, es decir en su verdadero contexto real oscilante, quedó para resoluciones de investigaciones futuras.

Otro caso podemos encontrarlo en su teoría de atracción gravitatoria, o como se la conoce más, *ley de gravitación universal de Newton*, en la que, basándose en las leyes de *Kepler, (1571-1630)*, él consideró y explicitó matemáticamente la atracción planetaria, pero sólo entre dos planetas, o cuerpos celestes.

Así planteada su teoría, funcionó muy bien tapando baches que, desde la época de *Aristóteles, (384 ac-322 ac)*, no se habían explicado mejor, pero resulta que *Newton* obvió deliberadamente en sus expresiones, algo tan trascendente e importante como la atracción o perturbación gravitatoria de los demás planetas del sistema solar, situación que quedaría en la misma que en el ejemplo anterior, o sea para ser resuelta más adelante o para las futuras generaciones de físicos y matemáticos.

Estos últimos fueron dos ejemplos de cuestiones matemáticas que quedaron a resolver desde la época de Newton; hoy se puede decir que al fin lo han resuelto, y con creces, aquellos matemáticos que se ocuparon de eso durante los siglos venideros, *XVIII y XIX*, de la talla de *Daniel Bernoulli (1700-1782), Leonhard Euler (1707-1783), Joseph-Louis Lagrange (1736-1813), Pierre-Simon Laplace (1749-1827), Karl Friedrich Gauss (1777-1855), Jean D'Alembert (1717-1783), Karl Gustav Jacobi (1804-1851), Heinrich Rudolf Hertz(1857-1894)* y otros, abocándose a rever teorías como las de *Newton*, a acordarlas y adecuarlas a una lógica y una coherencia que ya se exigían en los nuevos tiempos de la mecánica y la matemática.

El respaldo que significó la matemática hacia otras disciplinas científicas, fue mejorando y acomodándose a los nuevos tiempos y a las necesidades de la ciencia, en forma constante. Se incrementó el intercambio de experiencias interdisciplinarias en el mundo científico; un mundo donde ya descubrimos que siempre tendrá un punto de contacto o una línea de acuerdo tácito entre *abstracción y realidad*; la primera proviene de la mano de la matemática, en cambio la realidad lo hace desde nuestro mundo sensible, como diría *Platón*.

Es fácil imaginarse que la mente del matemático, cuando trabaja como tal, reside en un mundo de solo ideas, que nada tiene que ver con un mundo físico, pero como ya lo venimos viendo en los capítulos precedentes, el mundo matemático en ocasiones pareciera entremezclarse con la realidad, a veces alejándose de ella, otras veces la realidad alcanza las ideas matemáticas, o en cambio, es la matemática la que alcanza a la realidad.

Es decir, cuando los fenómenos físicos suceden y vemos que casi inmediatamente se les encuentran explicaciones dentro de la ciencia matemática, o resultan con una teoría explicativa y matematizada habiendo encontrado poca dificultad, eso quiere decir que había, en ese momento, una matemática que ya existía en su forma abstracta, una que aún no había sido percibida ni requerida hasta ese instante por el mundo físico, habitualmente sucede; en definitiva, esto quiere decir que ya había una abstracción matemática preexistente, una expresión o teoría matemática hasta entonces ignorada, y que ahora, con la llegada de este nuevo fenómeno a explicar, se acopla perfectamente como su nueva teoría explicativa.

Más interesante y notable es cuando sucede todo lo contrario, es decir, el que se descubra, aparezca o exista un nuevo hecho físico al que se deba explicar y, que al mismo tiempo no haya una matemática que encaje, de ninguna manera, para poder explicarlo, o como lo hemos dicho en párrafos anteriores, sin matemática que ya estuviera definida ni con la que se pudiera sustentar una explicación o teoría física alguna, esa con la que se pudiera llegar a modelizar el fenómeno en cuestión, y sin olvidar que estos siempre se encuentran enmarcados por una determinada ciencia contemporánea que imparte el mandato de estudiarlos e investigarlos como tales.

3.2- Siguiéndole el rastro a la matemática.

Las *ciencias formales* son aquellas cuyo dominio está dado en el pensamiento lógico abstracto, sus premisas permiten llegar a conclusiones válidas; mientras que las *ciencias naturales* se dedican a investigar, empírica y experimentalmente, al universo todo, como lo hace la física por excelencia, la biología, la química, etc.; las *ciencia sociales,* en cambio, son disciplinas que se ocupan del comportamiento del ser humano, ya sea individualmente o como grupos que forman sociedades sectarias o a veces hasta globales, como ejemplo podemos nombrar a la geopolítica, historia, psicología, economía, antropología y más; como dijera al comienzo, en todas ellas, la matemática tiene influencia en mayor o menor medida.

Justamente esto podría usarse para lograrle a su favor, una tendencia más afable, didáctica, una relación de la matemática con todas las demás ciencias que acentúe ese acercamiento tan deseado hacia el gran público; esto no significa sacrificar matemática pura para entrar en el terreno histórico, sino más bien se trata de la idea de indagar en los muchos casos y ejemplos que pintan un escenario rico en contenidos, tanto para brindárselo al más conocedor de los matemático, al que solo le resultaría, tal vez, en lecturas entretenidas y enriquecedoras, como para la gente en general y lograr en ellos un entusiasmo genuino, a la vez que verán cuán interrelacionadas están sus propias actividades diarias a las disciplinas científicas, sobre todo con la matemática.

Una matemática a la cual hoy, gran parte del público la percibe como fría e inexpresiva, envuelta en un sinfín de expresiones apáticas y lógicas; esto es lo que hace imprescindible hacerla accesible, resucitarla en "carne y hueso", es decir, trayendo a la palestra las historias de hombres y mujeres, esos grandes nombres propios, investigadores y profesionales matemáticos que nos ha dado la ciencia; en algún punto de nuestra historia, la matemática se ha logrado la apatía de la ciencia toda, que la segregó, casi naturalmente, por su aparente esoterismo.

Una buena manera de ayudarla es a través de propuestas matemáticas; por ejemplo podría llegar a ser desde lo reflexivo, con didácticas documentales, explotando nuevos recursos y mucha más la imaginación, armando entregas de divulgación científicas y matemáticas de calidad que hagan posible su acercamiento a la gente; todo esto será esencial para volver a los momentos de esas grandes aventuras matemáticas, esas en las que se han embarcado miles de personalidades de la ciencia en el transcurrir de su historia, también como una manera más de ir sacando del aislamiento a la matemática; aunque ella misma se forjó, a pesar de todo, una posición importante en el arte y en altos niveles de la cultura toda, siendo una de las razones del porqué el ser humano llegó a los actuales niveles tecnológicos; hay que darle el amplio reconocimiento a la matemática por ello.

Hemos visto qué en la época de la *Antigua Grecia,* la matemática se enseñaba inseparable de la *filosofía,* claro que ambas nacieron casi como almas gemelas, tanto es así que el antiguo griego recibía en el transcurso de su vida, una formación completa en filosofía, matemática y de todas las ciencias de las que disponían hasta en ese entonces. Por algún motivo, muchos siglos después y luego de producirse la revolución industrial, comienza una intensa aversión hacia la matemática por parte de otras ciencias, y el notable alejamiento de su ex aliada, la filosofía.

Una pista del porqué sucedió esto, nos lo podría dar el hecho de que todo lo que significaba estudios sociales y de los fenómenos que la implican, en algún momento fueron rechazados fuertemente por la *madre ciencia;* esto se debió a que la nueva era, favorecía el afianzar y considerar como perteneciente al grupo selecto de la ciencia, sólo a aquellas que aprobaran en sus investigaciones, todos, sino gran parte de los pasos de su endiosado *método científico.* Esto resultó entonces, en una época donde irrumpió un *empirismo* sin sentido histórico alguno, solo el *objetivismo* era tolerado.

Pese a ello y ya entrados en el *siglo XX*, se han logrado hitos y enormes avances gracias a la matemática, superando a todas las matemáticas de toda la historia de la humanidad. Un claro ejemplo podemos verlo en el aporte de un solo hombre, que sin el debido uso de las herramientas que le daba la matemática, no hubiera revolucionado a la ciencia toda al haber irrumpido con su más genial obra científica, la *Teoría de la Relatividad*; a partir de ella, las tres dimensiones que conocemos, y el tiempo, como su cuarta dimensión, ya no serían absolutas, todas ellas pasarían a depender subjetivamente de cada ser humano, según de cómo se moviera y a qué velocidad lo hiciera; con lo que a partir de ahora, el lapso de tiempo de una hora en *París*, podría llegar a ser distinto al mismo lapso de tiempo que en *Tokio*, medido desde la primera ciudad. Cabe destacar que como consecuencia de este cimbronazo a la ciencia que regía hasta ese momento, también fueron revolucionadas, como consecuencia de ello, muchas cuestiones económicas, el mundo atómico, la sociedad toda y hasta su propio futuro.

Es muy importante no confundir el tratar de entender estas ideas sobre una matemática en general más afable a todos, con el querer problematizar socialmente al conocimiento como una razón de estudio; aunque sí es muy necesario socializar a la matemática, es decir lograrla como una *actividad habitualmente social*, que muestre entre sus tantas finalidades el bienestar del ser humano y de la sociedad toda; esta debe y tiene el derecho a descubrir una matemática con historia, entretenida y con los hitos matemáticos desde su propio génesis; se abrirían así puertas y oportunidades para que cada individuo interesado en la matemática, llegue a formar sus propios conceptos para compartirlos, aplicarlos y porque no, como solo entretenimiento.

Se entrevé un gran potencial en esta dialéctica entre ciencia y matemática; esta última, con todo un virtual aislamiento a cuestas, casi siempre segregada, que sufrió y sufre actualmente una ola de especializaciones que le significó el *siglo XX* y que la puede llegar a aislar aún más si no se toman mínimamente las medidas mencionadas. Cabe destacar que, sin embargo, sigue aún invicta brindando formidables y tremendos logros que suceden en ella, y por ella, detrás de bambalinas de cada disciplina científica y durante el continuo avance del conocimiento humano.

En definitiva, se trata de seguirle el rastro a la matemática a partir de esas huellas que ha dejado en la mayoría de las ciencias y así regresarla a un primer plano, aunque es de destacar el hecho de que siempre existieron y existirán temas de investigación, en toda disciplina científica, a las que solamente se le caben tratamientos matemáticos mínimos; claro está que no se trata de ver matemática en todos lados, más bien es una labor meticulosa y a conciencia que debe ser muy bien planeada para salvarla del ostracismo.

3.3- *Síntesis al Capítulo III*

Un factor siempre presente y además inseparable de la matemática es la abstracción; en mayor o menor medida una creación o descubrimiento científico no viene sin ella; sucede en muchas de las disciplinas de la ciencia, al pretender de la matemática, que sus teorías y explicaciones les resulten más bien pragmáticas y lo más ajustadas a la realidad física del fenómeno que estas ciencias están investigando; pero como acabamos de ver en este capítulo, eso resultará del acuerdo implícito entre la abstracción matemática y la verdad del mundo físico. Entonces debido a ello, la matemática, a veces, llega a sacrificar parte de su tan apreciada abstracción, siempre presentes en sus concepciones, expresiones y teorías matemáticas, pero hay algo de lo que no habrá dudas y sí un gran consenso; siempre existirá la necesidad de crear matemática. La educación tradicional, a nivel medio o superior, en su generalidad no muestra una matemática en estrecha relación con las otras ciencias, más bien la mantiene en forma aislada y solitaria. Lógicamente es deseable, ya mediando el primer cuarto de *siglo XXI*, el tener un sistema educativo esmerado en tejer o establecer lazos cada vez más fuertes entre matemática y las demás disciplinas científicas.

Algo fundamental, sin el cual no se lograría tan gran emprendimiento, es el de rescatar del divorcio, a matemática y ciencia, abogando así por un proceso de enseñanza aprendizaje, que llegase a tener como figura central, a la formación de los responsables de enseñarla y de transmitir sus conocimientos, pues la matemática no podrá salir del ostracismo por sí sola; de una vez por todas debe comenzarse a mostrar su mejor y más amable lado, ese que vieron y valoraron tantos genios matemáticos de la historia y a quienes hoy en día, extrañamente, son mantenidos fuera de los radares académicos, tal como al lado oculto de la Luna.

CAPÍTULO IV

> ... *demostrar la extraordinaria complejidad del mecanismo del progreso científico, cuando es examinado sin ideas preconcebidas: más de una sorpresa nos reserva este camino, más de un recoveco del análisis incita a protestar con vehemencia antes de quedar convencidos. A fin de cuentas, el itinerario que parecía simple y racional resulta ser complejo y proteico.*
> **Thomas S. Kuhn.**

4. ¿Y SI LA CIENCIA NO ENCUENTRA FUNDAMENTOS EN SU MATEMÁTICA?

Amén de que se esté por una u otra corriente de pensamiento sobre la naturaleza de la matemática, lo seguro es que a fin de cuentas, todas cubren su amplio espectro, ya sea desde el *platonismo*, con su eterna visión realista de las entidades matemáticas, vistas estas como objetos a los cuales sólo la lógica bien utilizada podría descubrirlos y correrles ese ambiguo velo desnudando entidades matemáticas, tan tangibles al tacto como el rozar a un pétalo de una flor; al otro extremo están los *constructivistas*, quienes vendrían a poner en su debido lugar a las entidades matemáticas, que no sería otro que el único terreno propicio para su invención, es decir, la mente del ser humano y, como sabemos, de ella siempre resultan *creaciones ideales,* cuyo único lugar posible de existir, es decir su único hábitat posible, sería en la mente de los matemáticos.

No es absolutamente necesario que sean disciplinas científicas, por fuera de la matemática, las que se pregunten qué sucedería si no encontraran fundamentos matemáticos para poder sustentar científicamente sus propias teorías e hipótesis; es decir, puede llegar a sucederle esto, a la misma ciencia matemática; aunque uno podría sospechar que en general, los tiempos le urgen más al matemático cuando el demandante es de una disciplina extra matemática y sobre todo si proviene del mundo de las ciencias físicas.

Pero lo cierto es que, estas demandas, deberán de cumplirse sin defraudar investigaciones y ni a científicos quienes exigirán sólidas respuestas matemáticas, ya que son los que necesitan de matematizar sus importantes hipótesis de trabajo; como sea, siempre aceptarán de entre todas, las matemáticas que mejor expliquen el fenómeno o problema que están tratando de resolver.

Analizaremos aquí como algunas de nuestras explicaciones y posturas, poseen ciertas afinidades y coincidencias con la teoría que propone *Kuhn* en su ensayo que tituló: *"La Estructura de las Revoluciones Científicas"*, a fin de contestar a la cuarta y última pregunta o último pilar fundamental que planteamos al inicio; y por ello conviene recordarla a modo de apertura en este *capítulo IV*. *Cuarta pregunta pilar*:

> *- "¿Qué sucede cuando una ciencia precisa de la matemática para darle bases, sustentos y definiciones a su teoría e hipótesis de trabajo y no encuentra los fundamentos en ésta?"-*

Este interrogante nació no solo basándose en sus tres pilares precedentes, sino que también los profundiza; aquellos barrieron todo el espectro histórico, nos sumergieron en las visiones existentes que estudian sobre la propia naturaleza de la matemática y del cómo es concebida, dependiendo de la posición filosófica en que uno se ubique; entonces las entidades matemáticas son, *¿creadas?; ¿descubiertas?, ¿son reales, o simples habitantes de la mente del humano?,* interrogantes que cada línea de pensamiento pudo responderse a sí misma desde su propia concepción.

Todo ese análisis previo a la de ir aún más a fondo en el conocimiento sobre el ADN de la matemática, nos ha permitido, en este capítulo, abocarnos de lleno a ello, realizando así un análisis más detallado; esto, como advertiremos en instantes, involucra en parte, el sacrificar esa idea de linealidad con la que veníamos trabajando con respecto a la *evolución, desarrollo y naturaleza de la matemática.*

Linealidad, en la creación de matemática, significa, en este nuevo contexto, el cómo surge ella en el seno de la ciencia, es decir, en forma de matemática inédita, nueva, más allá de la manera en que la conciban las distintas corrientes de pensamiento que estudian su naturaleza; pensada así, ésta entonces al surgir, no interesaría tanto si lo hace bajo los conceptos de *creación, invención o descubrimiento*, como el de tener la total certeza de que lo hace siempre gracias a que una mente matemática brillante le dio origen. Repasemos el esquema gráfico del *capítulo I:*

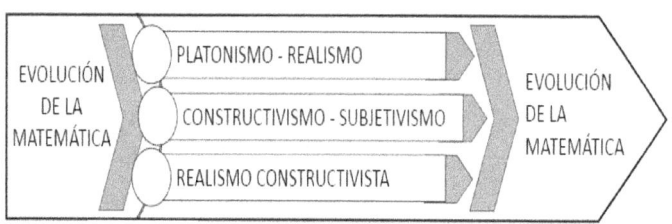

Esto sucede por el hecho de que la preferencia de los matemáticos, ya desde tiempos inmemorables, siempre está en trabajar sin cesar y rutinariamente en desarrollos puramente teóricos y abstractos, algo que llevan en la sangre; es un camino que ellos siguen y que le significa la curiosidad y el deseo de ir a la vanguardia en generar nuevos conocimientos dentro de la matemática y la ciencia en general.

Ejemplo de ello lo tenemos con los números complejos; en sus orígenes fueron casi desechados por la comunidad científica ya que no le encontraba utilidad práctica alguna; más acá en el tiempo lo mismo sucedería con la geometría de *Riemann*, la que luego fue encasillada, en su forma general, como parte de un conjunto axiomas, conceptos y teorías que denominaron *geometrías no euclidianas*; en sus comienzos, todos estos eran temas que desde su aparición, se consideraban solo como curiosidades teóricas sin aplicación, o sencillamente como simples desafíos a la autoridad de célebres autoridades intelectuales, como a la del propio *Euclides*, que es el caso sobre las geometrías.

Estos fueron solo unos ejemplos para ilustrar la idea o concepto de *linealidad*, un mero proceso intrínseco de la matemática que la ayuda en el alumbramiento de sus versiones en formas inéditas y totalmente nuevas; es a través de lo que podríamos considerar algo así como su propia inercia, apoderándose de ella para nunca detenerse.

Para no desviarnos del tema central del capítulo, debemos "romper" entonces, ese esquema u orden *lineal* en el normal desarrollo de ese surgimiento "espontáneo" de matemática; ya sea ésta una versión totalmente abstracta, abstracta parcialmente o simplemente la de una matemática hecha a medida para un fin más pragmático, de esas que se aplican fielmente a los requerimientos puntuales de determinada investigación.

Al "romper" con la *linealidad*, en este contexto, nos significa también una buena oportunidad para rever, indagar e investigar casos ocurridos durante la larga historia de la matemática y en los que han intervenido mucho las cuestiones filosóficas, fundamentalmente aquellas bases y esencias que hacen a la matemática pura.

Finalmente, lo más revelador de "romper" con la linealidad en el surgimiento de matemática, es que hace al momento exacto en que ella, a pesar de estar *íntegramente definida* dentro y con los parámetros de la ciencia que la rige, con todo y su *paradigma* a cuestas, de pronto, esta última se queda sin su oxígeno fundamental, sin respuestas; es decir, una ciencia sin matemática que dar u ofrecer a las demandas que impone una determinada investigación científica, sobre un determinado fenómeno particular, y que siempre necesitan de resolverse con celeridad. Investigación científica que, si ha cumplido paso a paso con el método científico, estará habilita a ese impulso de abocarse en mantener, con todas sus fuerzas y a flote, su *hipótesis científica,* pues esta será la que deba explicar el fenómeno que está estudiando. Este proceso, entonces, debería llegar a una definición final cuando la teoría resulte con algunas de estas tres posibilidades: exitosa, descartada o para rever; ninguna de ellas hace referencia a qué hacer si, digámoslo en su forma breve, *ya no hay matemática.*

Es que a veces, resulta que el método falla de cuando en cuando y justo antes de poder averiguar en cuál de esos tres estados resultará la teoría, en el punto exacto en que ésta debería de poder traducirse al lenguaje de la matemática; es decir, uno de los importantísimos y fundamentales pasos que exige el método científico.

Este último hecho, que solo pareciera un simple e inofensivo traspié a ser solucionado por la ciencia y la matemática, podría terminar significando, y gravemente, en un cimbronazo a las bases mismas de las *estructuras* de la ciencia vigente; si prestamos atención, veremos que la palabra clave, *estructura*, es un término que forma parte del título de la obra que ya mencionamos más arriba perteneciente al filósofo de la matemática y de la ciencia, *T. S. Kuhn*.

Precisamente, él nos ofrece allí interesantes conceptos y términos que son de su invención e indirectamente le da así, nombres a varios de los conceptos que en este libro venimos detallando y describiendo; se anticipa en su obra a algunas de las ideas y conceptos que ya hemos propuesto aquí, aunque él los usó con otros nombres; algunos de los suyos ya los hemos mencionado, por ejemplo, los de *ciencia normal, enigma, anomalía, paradigma científico*.

Kuhn también trató y consideró con un gran peso específico a los orígenes de la matemática, por lo que vio necesario volver la mirada nuevamente a su línea histórica y considerándola de fundamental importancia, no solamente para el estudio de las ciencias, sino como parte fundamental de un mecanismo que había pasado casi inadvertido, y sin embargo, de gran significancia, algo así como el motor esencial en la forma en que progresan las ciencias y la matemática.

Volvamos sobre algunas de las ideas mencionadas anteriormente para poder ampliarlas y darles esta vez un tratamiento desde la óptica *Kuhneana*; esto nos ayudará al estudio del último interrogante, o, a lo que hemos llamado como cuarto pilar fundamental; nos apoyaremos en los conceptos de *Kuhn*, lo que implica hacerlo desde el punto de vista de su obra *"La Estructura de las Revoluciones Científicas",* más específicamente, su capítulo VI, al que llamó *"La Anomalía y la emergencia de los Descubrimientos Científicos",* que en definitiva es el que más se acerca al tratamiento deseado para este capítulo, del presente libro.

Lo común es pensar en una ciencia que progresa en forma acumulativa en todas sus disciplinas y, por lo tanto, la ciencia matemática no sería una excepción; ya la palabra o acción de *acumular,* nos está dando una pista de a dónde nos conduce dicha idea. La ciencia toda, en la actualidad, no es vista como lo era en siglos pasados, su concepción ha ido *cambiando*, algo que resulta lógico. Entre *cambio* y *cambio*, hubo períodos de tiempos en los que la ciencia avanzó con cierta normalidad, precisamente, es a lo que *Kuhn* se refiere como períodos de *ciencia normal* y desarrollándose siempre dentro del paradigma que la contiene, definiendo él mismo y escuetamente a paradigma como lo siguiente: - *"...realizaciones científicas universalmente reconocidas que, durante cierto tiempo, proporcionan modelos* -(digamos matemáticos)- *de problemas y soluciones a una comunidad científica"*-

Es dentro de esos *"ciertos tiempos"* de la anterior definición, o períodos, en que transcurre, a la vez que hace, a una determinada *ciencia normal,* y en ella, o si se lo prefiere, dentro de ella, los matemáticos particularmente y los investigadores científicos en general, están dedicados a resolver problemas y a la investigación de fenómenos, digamos, de una manera rutinaria; es decir, lo hacen mientras transcurren esos lapsos de tiempo que bien podríamos llamar, *de resolución de enigmas*; aunque de vez en cuando, entre período y período de la *ciencia normal*, aparecen ciertos *enigmas especiales,* a los cuales matemáticos e investigadores, como bien es de esperar, harán todo lo posible para hallarle una solución, y como dijimos recién, esa es su rutina científica de trabajo; pero gracias a la existencia de esos casos que acabamos de denominar como especiales, es que a veces hasta los más experimentados matemáticos o investigadores científicos, serán conducidos, irremediablemente, hasta el final de un callejón sin salida; claro que no sin antes hayan agotado todas las instancias para tratar de resolver el problema científico y, habiendo ya usado todas las herramientas matemáticas de las que dispongan, obviamente, sin ningún éxito, por lo recién expuesto; es entonces que al final de dicho camino sin salida, caen en la cuenta de que no darán con solución matemática alguna si continúan buscándola dentro de los parámetros y cánones científicos establecidos. Y el fenómeno en cuestión, pese a haber sido problematizado y analizado bajo los cánones que fija el seguir los pasos de aplicación del *método científico*, pasa de ser un simple *enigma,* cuya resolución siempre será posible encontrarla dentro de una matemática concebida dentro del paradigma de su correspondiente *ciencia normal,* a la categoría de *anomalía,* termino de concepción puramente *Kuhneana* y por lo tanto, está dentro del contexto en el que se la entiende como una *violación* a todo aquello que es esperado, normalmente, dentro del paradigma en el que rige su *ciencia normal.*

Ante este hecho o suceso, aunque extraño, prontamente matemáticos y científicos se ven envueltos en la necesidad, casi obligación, de realizar investigaciones y trabajos de búsquedas de expresiones y teorías matemáticas totalmente nuevas; búsquedas éstas, que no fueron, de ninguna manera, programadas ni previstas en los inicios de sus investigaciones originales; es decir, todo resulta en un atasco acaecido por la aparición de dicha a*nomalía*; y ésta, ahora pasa a representar, para la *ciencia normal,* una señal de alerta y un grave peligro de desestabilización, pero con el aparente e inofensivo nombre de *anomalía.*

Existe una alarmante posibilidad, la qué al insistir de seguir realizando intentos fallidos en intentar explicar científicamente la *anomalía* aparecida, llegue a representar el desencadenamiento de una verdadera crisis en el seno de la ciencia; o sea, provocarle cambios radicales y trascendentales, afectar irremediablemente a su paradigma científico, ese que hasta ahora rige a todos en su interior con un éxito invicto, seguramente desde hace un largo tiempo.

A lo largo de la historia de la matemática y de la ciencia, se han originado grandes avances matemáticos, muchas veces gracias a expresiones inigualablemente bellas y como producto de haber salido victoriosas al haber resuelto *anomalías,* y estas han ocurrido innumerables veces a lo largo de toda la historia científica y matemática; hallarles soluciones no resultó gratuita para la ciencia toda, o *ciencia normal*, según *Kuhn*; es que precisamente, por definición *Kuhneana,* el hecho de haber sorteado tamaño escollo, empujó a la ciencia a entrar a nuevos *paradigmas científicos,* los cuales debieron asimilarse en la forma de profundos cambios estructurales, fundacionales y en un período de tiempo que, como habíamos visto, puede llegar a ser progresivo y casi sin ser percibido, o por el contrario, realmente rápido, en el caso de que llegase a afectar a todas sus disciplinas por igual.

Lo cierto es que el efecto y la influencia de la matemática es tal, que tiene que ver, y está detrás, sospechosamente, de cada cambio paradigmático sucedido a la ciencia, y ya desde sus orígenes cómo disciplina científica; cambios estos, que seguramente se fueron gestando en el transcurrir de algunos períodos, digamos que acumularon "presión histórica" y al ser atravesados por la matemática, esta actuó, en última instancia, como la chispa primordial de cambio; de allí la importancia de su contexto histórico dentro de la ciencia.

En el siguiente esquema se aprecia, a la vez que resume el ciclo; si tomamos como punto de referencia inicial un fenómeno nuevo cualquiera o inicial, este deberá ser explicado por alguna de las disciplinas científicas de su ciencia normal y en el paradigma científico que la enmarque en su respectivo tiempo, el tratamiento rutinario es en la forma de enigma; pero si pasara a la categoría de anomalía, podría desencadenar una revolución científica y cambiar las bases de la ciencia vigente. La consecuencia de máxima es la de un cambio total de paradigma científico que reemplazará al anterior.

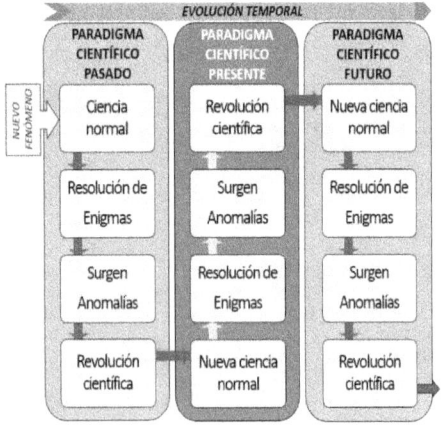

4.1- *Síntesis al Capítulo IV*

Este capítulo integró todo lo visto, y lo hizo desde la óptica de la influencia mutua entre otras disciplinas de la ciencia, y la matemática como disparadora de cambios paradigmáticos; esta casi logra pasar desapercibida en ese rol, al escudarse detrás de su *contexto histórico*; contexto que se las arregló para formar parte de un *mecanismo* de auto supervivencia; es decir, es ese algo que intrínsecamente posee la ciencia (o *ciencia normal*) y que logramos sacar a la luz apoyándonos en concepciones *Kuhneana*.

Por lo tanto, es una *ciencia normal* decidida a que sus matemáticos e investigadores científicos se dediquen, por el hecho de haber sido formados dentro de un mismo paradigma científico y que los rige a todos, a hallar soluciones a problemas científico, aunque únicamente dentro de los límites de ese contexto paradigmático al cual pertenecen; y desde este interior, estas serán consideradas como actividades o resoluciones científicas rutinarias.

Si no se reparara en ello, se podría decir que, por el simple hecho de estar inserto en un tal paradigma cualquiera, grandes serían las sospechas de que, hasta las mismas soluciones, ya estarían imperceptiblemente dadas a priori a los investigadores por parte de la ciencia, sin que fueran conscientes de ello.

Este combo de actividades y acciones ya lo hemos denominado, desde hace unos capítulos atrás, como de resolución de *enigmas*; es decir, la dedicación a resolver problemas, ya sean matemáticos o de otra índole científica, pero solamente con las herramientas y recursos que les provee la *ciencia normal* de su tiempo; a su vez esta última, y no podía ser de otra forma, rige y se rige dentro de un paraguas que protege su propia estabilidad bajo el nombre de *paradigma científico*.

Y por fin, son las *anomalías* las que le significan a la ciencia vigente o *ciencia normal*, vientos de cambios o de alertas amarillas; estas le traen aparejadas crisis que le surgirán desde su mismo riñón y en la forma de aparentes e inocentes falta de soluciones a ciertos *enigmas*. Estas crisis, que resultan de la imposibilidad de resolver *enigmas* por medio de las matemáticas y herramientas dentro de la ciencia vigente, las conducen a transformarse en *anomalías,* y que también deberán de ser resueltas; entonces, el intento reiterado y sin éxito, de tratar de explicar *enigmas*, que a la postre escalonarán al nivel de *anomalías*, es la potencial y principal puerta de acceso a posibles crisis generalizadas a sufrir por tal o cual *ciencia normal* que rigiese; y es así en cómo van cambiando las estructuras de las ciencias, o mejor dicho, en forma de crisis que son más bien conocidas como *revoluciones científicas*.

Estas revoluciones no solo se limitan al ámbito de la matemática o de la comunidad científica en general, sino que también llegan a afectar, en mayor o menor medida, a las sociedades que las experimentan, generando así un cambio generalizado de sus ópticas, conceptos, perspectivas, visiones, etc. Precisamente por este motivo, son que incluso cambian las estructuras de las enseñanzas académicas en todos sus niveles, ya sea desde la matemática hasta las demás disciplinas científicas, tanto en sus planes de estudio, apuntes, libros, etc., todos cuales se irán adaptando paulatinamente a este cambio o revolución que fue el resultado de una crisis aguda y generalizada, y al haber afectado a todo un paradigma científico.

CAPÍTULO V

"...4 de octubre de 1957. Esa noche, desde la orilla del Volga majestuoso, una variante del T43, pesado cohete múltiple de 3 etapas...a 900 kilómetros de altura la última de sus secciones liberaba al Sputnik... comenzaba a describir sobre su órbita una loca carrera alrededor del globo. En el espacio de escasos minutos la humanidad había penetrado en la era interplanetaria, y por ese mismo acto destruía las cadenas que hasta ese momento la obligaban a arrastrarse sobre la corteza terrestre... a caer de nuevo a aquello que lograba elevarse".

Albert Ducrocq.
"La ruta del cosmos"

5. ENIGMAS Y ANOMALÍAS EN LA HISTORIA DE LA MATEMÁTICA

En lo que sigue, algunos ejemplos ilustran interesantes casos matemáticos de *enigmas* y *anomalías* que han ocurrido durante esa larga historia que hace a la *evolución de la matemática*; eso sí, sin dejar pasar por alto algunos sucesos recientes, o contemporáneos si se lo prefiere.

Las limitaciones y escasez de herramientas matemáticas, de los cálculos generales propios de la *ciencia normal* que enmarca a cada caso analizado, contrapuestas éstas al avance de sus investigaciones científicas acaecidas en su seno, evidencian los no pocos escollos que tuvieron que sortear ante inesperadas apariciones de *enigmas* y *anomalías* que le iban surgiendo a la matemática, y a sus matemáticos en general, durante el proceso de investigar científicamente.

El capítulo logra la visualización, en ejemplos reales, de todo lo abordado hasta ahora en este libro sobre el *cómo*, en ciencia y matemática, van surgiendo nuevas teorías, métodos numéricos, analíticos y otros que sólo fueron posibles desarrollar e impulsar en un contexto de *cambios paradigmáticos;* cambios que, gracias a la aparición de *enigmas,* al final resultaron ser esas importantísimas, fundamentales y desafiantes *anomalías* por resolver.

A continuación, los ejemplos mencionados:

5.1- CASO: **PROGRAMA ESPACIAL MERCURY**

La necesidad de contar con nuevas herramientas matemáticas, inexistentes aún en la ciencia que regía a la época del primer cuarto del *siglo XX*, se hizo aún más notable entrados en el ámbito de la nueva y flamante era espacial, luego de la *Segunda Guerra Mundial.*

La ley gravitacional de Newton, para entonces, no era una teoría nueva, más bien lleva cientos de años y aún en pie, e increíblemente ésta es la que llegó a conectar, entre otros, los conceptos de trayectoria de una nave espacial con el de las fuerzas que emergen de su movimiento orbital. Los planetas giran alrededor del *Sol* y se rigen por esta ley que demuestra, en sus ecuaciones, la dependencia entre sus propias masas y a la del *astro rey*; esto no quita que, aunque de mucha menor masa que la del *Sol*, los planetas igualmente la poseen, y bastante, entonces también se influyen mutuamente entre ellos.

El *Sol* es el cuerpo celeste de mayor masa en nuestro sistema solar y por motivo de la mecánica de movimientos, los *planetas* terminan girando a su alrededor, cumpliendo así con la *ley de gravitación universal*; pero, como hemos dicho, existe esa *atracción gravitatoria* con la que se influyen mutuamente los *planetas;* aunque esta es mucho menor que la atracción del *Sol* hacia cada uno de ellos, por lo tanto, se la considera más bien como una *perturbación* a la condición ideal; es decir, a la de tomar en cuenta la atracción gravitatoria solamente *entre dos masas o cuerpos*.

Tales perturbaciones, si no se las tuvieran en cuenta en la realización de los cálculos de las órbitas de nuestros proyectiles espaciales, entonces estas resultarían totalmente erradas; aunque, por otro lado, al considerarlas significa un aumento en la complejidad de las ecuaciones diferenciales.

Entonces hubo la necesidad de crear expresiones para aproximarse analíticamente a la solución de este problema y es lo que sucedió en pleno desarrollo del *Proyecto Mercury*, época en la que aun las computadoras, eran enormes y toscos prototipos; pero ello no impidió que se *crearan matemáticas* nuevas, pudiéndoselas aplicarse en pos de resolver los nuevos problemas emergentes de la flamante ingeniería espacial; la necesidad de *cálculos realistas de órbitas* de satélites alrededor de la *Tierra* resultó ser uno de estos casos.

Pero comencemos esta historia, digamos, desde un 4 de octubre de 1957; ese día, desde el cosmódromo de *Baikonur,* en *Tyuratam* a 370 kilómetros al suroeste de la pequeña ciudad de *Baikonur* en *Kazajistán,* la actual *Rusia,* (ex *U.R.S.S* en ese entonces), a las 22:48 hora de Moscú, se lanzaba al espacio el primer satélite artificial que habría de ponerse en órbita alrededor del planeta *Tierra,* durante varias semanas, antes de quedar inactivo y caer nuevamente a su superficie, lo bautizaron con el nombre de *Sputnik-I,* (compañero de viaje, en ruso).

Esto sucedió, no sin antes haber realizado varios intentos fallidos hasta poder lograr semejante hazaña; logrando así, ponerse a la delantera de los *EEUU* y no solo eso, sino que lo hacían en plena *guerra fría.* Los rusos, en esa carrera que habían iniciado en contra de los norteamericanos después de la *Segunda Guerra Mundial* y, en varios terrenos, el *espacio sideral* entre ellos, se propusieron muy en serio la meta de lograr esa conquista; meta que quedaba, desde ese preciso momento inaugurada oficialmente con el éxito del *Sputnik-I.*

La respuesta de su principal competidor no se hizo esperar; *EEUU,* solo tres días después de la proeza rusa, el 7 de octubre de ese mismo año, arrancó con su denominado *Proyecto Mercury;* fue la reacción de los estadounidenses ante lo que percibieron como una gran amenaza rusa hacia ellos, además del hecho de haber quedados muy expuestos ante la evidente y enorme delantera que les llevaban, todo mientras ese satélite sobrevolaba, varias veces por día, por sobre las cabezas de todos los norteamericanos.

Así motivados, los estadounidenses se abocaron de lleno a pensar en un proyecto análogo al de sus enemigos, y es la razón por la que fundaron una nueva agencia federal estadounidense, *la Administración Nacional de Aeronáutica y el Espacio (N.A.S.A);* contaron con el voto a favor que les otorgó su congreso y avalados, por su entonces presidente, *D. D. Eisenhower (1890-1969).*

De inmediato dieron nacimiento al proyecto *Hombre en el Espacio*; pero, *¿qué clase de ser humano debería de seleccionarse?*; responder a esta pregunta les fue encomendada a algunas disciplinas como la psicología, psiquiatría, medicina, debiéndoles sumarse un intachable historial en sus fojas de servicio que ya deberían de poseer los candidatos, tanto de la marina, el ejército y la aeronáutica, únicos sectores que proveerán esta nueva clase de héroe norteamericano.

Los requisitos específicos que deberían de reunir estos candidatos, a primera vista parecerían caprichosos, pero todos tenían su razón de ser:
- Jóvenes de hasta 40 años, para garantizar plenitud física.
- Un máximo de un metro setenta y ocho, ya que los planos de la cápsula estaban en pleno desarrollo técnico y con sus dimensiones acordes a los cohetes *Atlas y Redstone*, con una cabina de 1,87 metros de ancho de base, por lo cual un astronauta vestido con su traje de presión, casco, botas, si llegara a medir 1,80

metros o más, con todo eso colocado, no podría encajar en ella.

- Un máximo de 80 kilogramos, por las mismas anteriores razones y porque cada gramo de carga útil, era indispensable y clave para mejorar el rendimiento del lanzamiento de los cohetes impulsores; estos tenían fuerzas acotadas, además de que cada aparato, cuyo destino sea mantenerlo con vida, y que se lograra meter junto a él a la cápsula, resultaba un verdadero triunfo.
- Tener un sistema circulatorio sanguíneo que le permitiera, al astronauta, aventajar toda posible contingencia debido a esfuerzos físicos y a inesperados cambios de temperatura.
- Poseedor de un título de *ingeniería mecánica* o equivalente, ya que el *Proyecto Mercury* comenzaba desde sus bases y los astronautas deberían de intervenir, desde un principio y con sus propias sugerencias, en todas las cuestiones y sectores del proyecto.
- Ser piloto de pruebas de aviones de guerra, ya que esto garantiza el instinto que conllevaba el ser un piloto con total control y calma en decisiones que se tomarán en fracciones de segundo.

De un total de 508 jóvenes de carrera militar que se seleccionaron al inicio, al primer filtro quedaron 110; luego el número bajó a 69 pilotos, que una vez informados del proyecto espacial, 37 se mostraron desinteresados de ello; de los 32 restantes y tras exhaustivos test, quedaron en pie 18 para la selección final.

A las dos de la tarde del 19 de abril de 1959, la *N.A.S.A* presentó en conferencia de prensa en *Washington DC*, a los 7 seleccionados al final de este periplo; ellos eran:

John Glenn, Scott Carpenter, Gordon Cooper, Virgil Grissom, Walter Schirra, Alan Shepard, Donald Slayton.

Durante todo el tiempo que duró este proyecto norteamericano, de entre ellos, *Glenn* fue el primer estadounidense en efectuar un vuelo que completaría la órbita terrestre (vuelo orbital), *Shepard* y *Grissom* también irían al espacio, pero únicamente en trayectos suborbitales, es decir tan sólo un "salto de pulga", como lo denominó despectivamente el presidente de la *Rusia Comunista* de entonces, *Nikita Kruschev (1894-1971)*; un salto que lo había llevado a menos de 200 kilómetros de altura para volver a caer al mar apenas quince minutos programados después del despegue; *Grissom* sería uno de los tres astronautas fallecidos en el trágico incendio del *Apollo I*, mientras participaba de una prueba "rutinaria"; *Shepard*, en cambio, fue el único de los siete astronautas *Mercury* que llegaría a caminar por la superficie lunar, ya en el año 1972.

En el vuelo de *Glenn* fue el momento de estreno de los primeros cálculos hechos por máquinas programadoras, puestas en marcha al fin y que serían de la marca *IBM*; sin embargo, cuenta la leyenda, *Glenn* prefería la confirmación tradicional y manual de los complicados cálculos, esos que bregarían por su vida en el espacio y de los cuales, hasta ese momento, se ocupaban únicamente un grupo creado a tal fin por la *NASA,* y que bautizó como de *las computadoras humanas;* eran mujeres afroamericanas cuya formación en física, matemática y ciencias espaciales, les permitieron tener un lugar en la historia de la agencia en lo que concierne a vuelos espaciales; desde el innovador y nuevo suceso *IBM*, ellas seguirán ocupándose, aunque paralelamente y, solo por poco tiempo más, de los complicados cálculos, partiendo de las mismas ecuaciones matemáticas que sus flamantes competidoras de válvulas y silicio.

Lógicamente estas mujeres, principalmente por su origen étnico y en esa época tan conflictuada de la sociedad estadounidense, no fueron la excepción de padecer de ser segregadas en varios aspectos; existieron desprecios y trabas hacia ellas, sobre todo en lo racial, pese a ser excelentes apoyos a los cálculos matemáticos con sus tediosas confirmaciones manuales a base de repetirlos varias veces; tarea que en general se consideraba poco creativa, aunque de enorme responsabilidad y totalmente necesario para asegurar el buen tino en los resultados numéricos.

La historia de estas valiosas y valientes mujeres se reflejó, a modo de homenaje, en la pantalla grande en una película estrenada en el año 2016, cuyo título en español es *"Talentos Ocultos";* fue llevada al cine por *Theodore Melfi* y basada en el libro titulado *Figuras ocultas,* de Margot Lee Shetterly.

Sumado a que las nuevas máquinas de *IBM* todavía no eran de entera confianza de los astronautas y que por ello pedían aún una confirmación manual, estaba el hecho de que la *matemática* de la época no se conciliaba, o, mejor dicho, estaba incapacitada de resolver algunos aspectos nuevos de la era espacial, y que iban apareciendo como problemas geométricos a solucionar, sobre todo en las trayectorias de despegue y de descenso.

A pesar de todo y aún muy motivadas, además del hecho de poseer notables capacidades para la matemática, especialmente en geometría, estas *mujeres computadoras* supieron hacerse las preguntas adecuadas en un trabajo totalmente inédito, en un mundo libre que supo aprovechar sus dotes de liderazgo y llevándolas a convertirse en piezas de muchísimo peso dentro de la *NASA*. Con *Alan Shepard*, como el primer estadounidense en viajar al espacio en la misión *Redstone-3* en 1961, ellas lograrían ese empujón que necesitaban para ser consideradas en la importancia que se merecían como tales, esa hora llegó al haber podido calcular el importante y fundamental ángulo de despegue del vuelo suborbital de este astronauta.

Es que en la agencia pronto habían caído en la cuenta que la teoría matemática de los cálculos en uso, no alcanzaban para dar con la velocidad necesaria, una con la que el vuelo pudiera completar una órbita terrestre para luego amerizar en una zona próxima a los barcos de rescate de *EEUU*. Si bien se trataba del cálculo de un simple movimiento *parabólico*, específicamente la de un proyectil, resulta que estas ecuaciones se complejizan debido al agregado de otras variables, como la rotación terrestre, los cambios de masa o de gravedad, que varían según la altura y demás; pero las *computadoras humanas*, las mujeres matemáticas de la *N.A.S.A*, lograron con mucha determinación resolver ese gran problema, pues, si de necesitar *matemática que aún no existe* se trata, en este camino que estaba delineando la incipiente *carrera espacial,* no faltó oportunidad de que ello se diera.

Asimismo, años más tarde, en 1969, previos al alunizaje del módulo lunar de la misión *Apolo11*, fueron las mismas *computadoras humanas* quienes crearon los manuales, describiendo posibles órbitas lunares y listando consecuencias de potenciales fallos eléctricos a bordo de la nave, junto con sus alternativas de solución utilizando la navegación astronómica. También se encargaron de calcular el momento en el que el *Águila*, el módulo del que alunizaron los dos primeros astronautas terrícolas, debería de despegar de la *Luna* para que su trayectoria coincidiese con la órbita del módulo de mando *Columbia*, que los esperaría en órbita lunar para lograr así, en peligrosas maniobras, acoplarse y emprender el regreso a nuestro planeta.

Al momento de nacer el *Proyecto Mercury*, también se armó para él un equipo de ingenieros bajo las órdenes de *Al Harrison*, quien se encargaría de realizar todas las demandas, con vehemencia y durante todo el tiempo que duró el proyecto, a su equipo de trabajo y, sobre todo a sus matemáticos; demandas algunas de las cuales son las que más nos van a interesar en este capítulo.

En alguna oportunidad bajo su dirección, *Al* solicitó vacantes para incorporar matemáticos con conocimientos de geometría analítica y a quienes posteriormente se vio en la necesidad de exigirles, juntos con los investigadores en el área, que trabajaban bajo su mando en las instancias del desarrollo del proyecto de vuelo de *Glenn*, que debían de *inventar matemática nueva*; él era consciente de que con la que disponían en la ciencia de la época no lograrían solucionar el problema que representaba, para el astronauta, su secuencia de retorno; matemáticamente no podían conciliar la forma teórica de pasar de una trayectoria elíptica a otra parabólica; a ello se abocaron ferozmente.

Más adelante se constató que en realidad no se trataba de una solución teórica, sino numérica, es decir, la solución sale de operar aritméticamente; para esto fue clave el conocimiento de la matemática de *Euler*, específicamente el de uno de sus métodos que provee un procedimiento de iteración numérica, que permite resolver *ecuaciones diferenciales* a partir de un *valor inicial dado*.

En el año 1962 le tocó el turno a la misión *Atlas-6* el poner en órbita alrededor de la *Tierra* al astronauta *J. Glenn*, en el que aplicó con total éxito la matemática desarrollada para la resolución del ángulo de despegue de un satélite orbital que ha de pasar por una posición dada.

Hoy en día el *Método de Euler*, si bien básico en su tipo, aunque fundamental, no sólo en matemática, sino en la programación de computadoras, ciencias e ingenierías aplicadas al tratarse de un procedimiento de iteración numérica, es proveedor de soluciones muy *aproximadas,* aunque garantizando de que éstas sean únicas; grosso modo, este método consiste en que a partir de un valor numérico cualquiera *dado*, existe la posibilidad de resolver, en particulares contextos, algunas determinadas *ecuaciones diferenciales ordinarias* (en siglas, E.D.O); si bien hay otros métodos, él es el menos complicado, y *Euler* lo dio a conocer en su obra llamada *Institutionum calculis integralis,* publicada en el año 1770.

Este método es el que permitió a *las calculadoras humanas, crear o inventar,* métodos matemáticos más complejos con los cuales asegurar trayectorias de entradas y salidas de la órbita terrestre; en un principio, solo para los astronautas de los primeros proyectos espaciales.

Para ello, se partió de considerar el *problema* de calcular la pendiente de la recta tangente en un punto de una curva, llamémosla *curva a, (Fig.1),* de la que no se conoce más que solamente el punto exacto donde comienza, es decir, únicamente un *punto dado* de ella y, además ésta, por suerte, también respondería a la vez a una *ecuación diferencial dada*; entonces, con esta información sobre la mesa, lograrían obtener la fórmula que facilitase calcular, primeramente, la *pendiente* de la recta tangente a la curva desconocida, es decir a la *curva a,* y en un punto cualquiera de la misma, que para el caso, sería en el *punto dado*, llamémosle **punto A_0**.

¡Y esto es justamente lo que precisaban los matemáticos del *Proyecto Mercury* para conciliar sus ideas con una potencial solución!, y consistía en que, si bien las curvas de reingreso de las cápsulas espaciales a la atmósfera terrestre les era desconocida, en principio; pero no así el punto exacto de su comienzo, punto que para ellos les era de valor y ubicación conocidas.

Así dadas las cosas, en estas condiciones, con este método y los datos ya recolectados, la solución tan deseada, entonces, ya estaba a su alcance, pues con unos pocos datos y una conveniente *ecuación diferencial ordinaria,* podrían, en primer lugar, calcular la pendiente de la recta tangente a la curva en el punto mencionado, o *punto dado* A_0 , e inmediatamente y muy importante, les sería posible trazar la recta tangente al mismo, sobre la *"curva a"*; recta sobre la cual posteriormente, y para darle continuidad al método, tomarán un diferencial de segmento, (en la forma que ya detallaremos un poco más adelante), el que va desde el punto A_0 *a* A_1, siendo este último otro punto específico; se lograría así, la gran "ilusión" de suponer que este último punto, *casi* como que llega a pertenecer a la misma curva desconocida, aunque en verdad no lo sea, así, el valor de la pendiente de su recta tangente en este nuevo punto, no diferirá mucho del que en realidad pertenecería a la *curva a* desconocida y, con su misma coordenada horizontal, de esta manera, cíclicamente se debe volver a aplicar el mismo mecanismo o procedimiento, es decir, calculando la pendiente de la recta tangente en un punto del flamante segmento $\overline{A_0 A_1}$, es decir trazar de nuevo *la recta tangente* a la "curva" pero ahora en el punto A_1; y volviéndose a tomar otro segmento diferencial se obtendrá $\overline{A_1 A_2}$; repitiendo todo sucesivamente, las veces necesarias, se lograrán varios puntos $(A_0; A_1; A_2; A_3; A_4; A_5; \ldots; A_n)$, con los cuales ir conformando una nueva "curva", llamémosla *"poligonal a"*, que además, esta vez sí será *conocida*, resultando que habiendo tomando los correspondientes recaudos, no divergirá mucho de la curva continua desconocida o *curva a*, y con la cual comparte ahora, sólo el punto A_0 del que partimos inicialmente para aplicar este método numérico.

El *error* que se comete al utilizar el método, al pasar de conformarnos ya no con una *curva continua desconocida* original, sino más bien, ahora con una *curva poligonal conocida*, puede manejarse al escogerse tamaños adecuados para los saltos, o diferenciales si quiere en un lenguaje más matemático, sobre el eje horizontal.

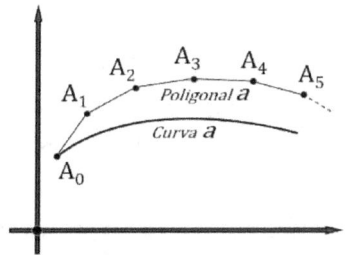

Ilustración del método de Euler. La curva desconocida es de trazo continuo y su aproximación es una poligonal.

Figura 1.

Al observar el próximo gráfico *(Fig.2)*, más detallado sobre el método explicado recién, veremos que el principio es hacer **n** divisiones en intervalos constantes, de una parte del *dominio* de la función que define a la curva, o sea, sobre el eje horizontal; es decir, si se considera una porción del mismo, sea ésta el intervalo de interés desde x_0 a x_f, (ver el gráfico), éstos proceden a conformar **n** *sub-intervalos* de ancho **h**, pudiéndose definir a este último como sigue:

$$h = \frac{x_{i+1} - x_i}{n}$$

Logramos así las $(n+1)$ coordenadas siguientes: $x_0; x_1; x_2; \ldots x_i; x_{i+1}; \ldots; x_f = x_n$, todos formando parte del intervalo de interés, que como dijéramos, para el caso es $[x_0; x_f]$; entonces para cada una

105

de esas $(n + 1)$ coordenadas cumplen en que se las puede calcular o definir de la siguiente forma:

$$x_i = x_0 + i \cdot h \quad con \quad 0 \leq i \leq n$$

En el inicio, como hemos visto en el gráfico de la *figura 1*, tanto la *curva original desconocida*, como la *poligonal* que se obtendrá por método de iteración, comparten lo único concreto en común, el punto de coordenadas (x_0, y_{x_0}), o lo que es lo mismo, pero escrito en su forma breve, (x_0, y_0), es decir las coordenadas del punto $P_{(0)}$, punto por donde al fin pasan ambas curvas, de las cuales una de ellas se denotará como $F_{(x)} = y$, que es solución a la *ecuación diferencial dada*, la del planteamiento inicial.

Ya con el punto $P_{(0)}$, se puede evaluar la primera derivada de $F_{(x)}$ en éste mismo punto; por lo tanto:

$$F'_{(x)} = \frac{dy}{dx}|_{P_0} = f(x_0, y_0)$$

Esto último es lo que se necesita para trazar aquella *recta* que pasa por $P_{(0)}$ y que tiene al valor $f(x_0, y_0)$ como *pendiente*. Una vez trazada esta, o sea la tangente a la curva desconocida en su punto $P_{(0)}$, se tomará un tramito de esta última recta como una primera parte de la nueva curva, poligonal ahora y que irá reemplazando paulatinamente a $F_{(x)}$. Para ello, le sigue luego localizar, con respecto a esta recta, nuevamente otra coordenada, la y_1 de otro punto, el $P_{(1)} = (x_1; y_1)$. Volviendo al tema de la pendiente, si esta vez la deducimos de lo que nos brinda gráficamente la figura, obtenemos comenzamos con:

$$\frac{y_1 - y_0}{x_1 - x_0} = f(x_0, y_0)$$

Y ahora, así expresada, esta nos permite calcular entonces la y_1:

$$y_1 = y_0 + (x_1 - x_0).f(x_0, y_0) = y_0 + h.f(x_0; y_0)$$

Como era de preverse esta y_1, así calculada, resultó distinta a $F_{(x_1)}$, dando lugar a la existencia del *error* que ya mencionáramos, al que se lo puede lograr a voluntad y de carácter infinitesimal, pero así y todo, el logro está en haber aproximado una curva nueva en el punto $P_{(1)} = (x_1, y_1)$, a la curva $F_{(x)}$. A partir de ahora, se vuelve a realizar el procedimiento que hemos visto recién, para así obtener más cantidad de aproximaciones, al ir calculando sucesivamente a $y_1; y_2; y_3; \ldots; y_{i+1}; \ldots; y_n$; para ello se procede a iterar, haciendo:

$$y_1 = y_0 + h.f(x_0; y_0)$$
$$y_2 = y_1 + h.f(x_1; y_1)$$
$$y_3 = y_2 + h.f(x_2; y_2)$$
$$\ldots$$
$$y_{i+1} = y_i + h.f(x_i; y_i)$$
$$\ldots$$
$$y_n = y_{n-1} + h.f(x_{n-1}; y_{n-1})$$

Finalmente, obtenidos los pares de coordenadas $x - y$, es decir $(x_1; y_1), (x_2; y_2), (x_3; y_3)$, y así sucesivamente, podremos ir encontrando sus correspondiente puntos $P_{(1)}; P_{(2)}; P_{(3)}; etc.$ y que al ir uniéndolos en el gráfico, nos dará la tan deseada curva poligonal, obvia solución aproximada.

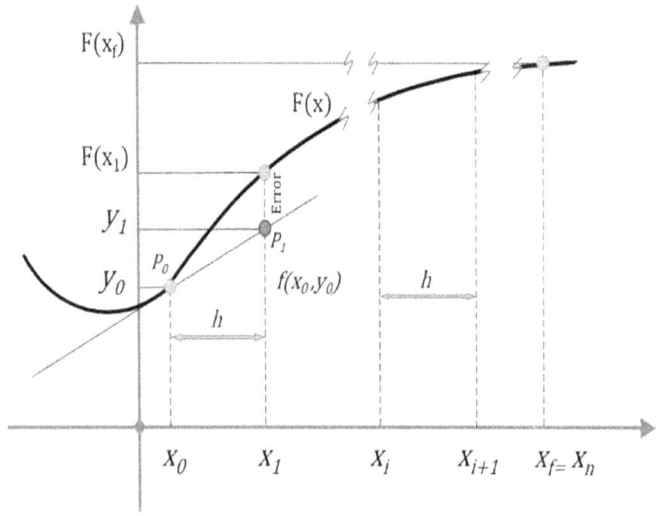

Figura 2.

5.2- CASO: **SIR ISAAC NEWTON**

En el temprano y largo estudio sobre la naturaleza que llevó a cabo el propio *Newton*, que además duró toda su vida, aunque siempre siguiendo un camino sin privarse de utilizar y abastecerse de toda la matemática existente en su época, se podría decir que lo hizo hasta agotar stock. Nunca necesitó de recurrir a un matemático para que lo socorriera en sus momentos de crisis, al faltarle matemática; pero estas sí, lo llevaron a enfrentarse ante, lo que ya sabemos podríamos bien denominar como *anomalías Kuhneanas;* esporádicamente solían estas, aparecérseles en el transcurrir de sus estudios en cuestiones de la naturaleza; razón por la cual, para poder seguir hurgando en la física del universo que lo rodeaba, él mismo decidió ponerle manos a la obra; es así que a base de sacrificio y propio esfuerzo, tuvo la capacidad de los genios como para *crear su propia matemática* a la medida de lo que necesitaba para sus nuevas teorías y estudios de los fenómenos del universo físico.

Como ya podemos vislumbrar y esperar, previsiblemente y desde una óptica *Kuhneana*, aunque para el mismo *Newton* tal vez no le era tan obvio, esto traería aparejado, para la ciencia de la época, una revolución científica.

Así es como el Medioevo tuvo, en el ámbito de la matemática, también, un propio glorioso año, el de 1665; en el que *Newton* decidió dejar de asistir a *Cambridge* para ir a vivir a *Woolsthorpe*, una aldea en el distrito *South Kesteven de Lincolnshire, Inglaterra*, lugar donde nació. Se alejó así de la peste que asolaba a *Londres,* toda *Inglaterra,* y a media *Europa*; es allí, un nuevo ambiente lleno de paz y tranquilidad que, sin decírselo a nadie, como era su costumbre y, además por desconfianza, desarrolló su máxima creación, *El Cálculo*; la *necesidad* misma lo llevó a esta sublime creación, pues debía, imperiosamente, poder completar sus investigaciones, y un ejemplo de ello fue la culminación de su genial *ley de la gravitación universal.*

Precisamente, y gracias a otro de esos fenómenos de la naturaleza que él estudiaba, no necesariamente de los más espectaculares ni estruendosos, resultaría en la chispa fundamental que desencadenó la incandescencia de una nueva era en las ecuaciones matemáticas, las denominadas *Ecuaciones Diferenciales.*

Si por esas casualidades, alguna vez tuvimos la suerte de ver caer una simple manzana madura de su propio árbol, tal vez podríamos habernos preguntado el *porqué* de su caída, pero *Newton*, además de haber vivido esta situación, según una conocida leyenda, claro está, se hizo otras varias preguntas, entre ellas, -*durante su caída y en cualquier instante posible de ella, ¿cuál es el valor de la velocidad de esa manzana?*-, dedujo entonces, que la velocidad de la manzana aumenta uniformemente a medida que la gravedad de la *Tierra* la atrae hacia su centro.

Siguió preguntándose, -*¿Cuál es la velocidad de esa manzana después de un cierto tiempo, digamos por ejemplo, luego de un segundo?*- para poder contestarse a sí mismo esta pregunta, primero dedujo que, si él iniciaba correspondiendo velocidades promedios a esos lapsos de tiempos de caída de la manzana, no lograría la mayor precisión deseada, por lo que no se contentó solamente con esos valores promedios de velocidades; es así que pensó más abstractamente e idealizando sus conceptos, por lo que imaginó que si iba tomando lapsos de tiempos, más cortos cada vez; es decir, ya el *segundo* en unidades enteras, como venía haciendo, sino en *fracciones de segundo*, lograría así ser más certero en los valores de las velocidades que obtenía. *Newton* intuyó entonces, que podría llegar a obtener un valor numérico, para la velocidad de caída de la manzana, *en un momento y lugar dados* de la trayectoria que dibuja ésta en su recorrido, durante su caída libre.

No estaba para nada equivocado en eso, ya que hoy conocemos ese concepto como de *velocidad instantánea;* un logro deducido por este genio gracias a tomar intervalos de tiempos cada vez más pequeños, idealizándolos casi hasta el infinito o, dicho de una manera más moderna, al pensarlos hasta infinitamente pequeños en sus cálculos. Mucho más que un nuevo y simple concepto matemático, que sí lo era, *Newton* estaba ante uno de los logros, en cuanto a la creación de matemática con el fin de cubrir faltantes y falencias en las investigaciones de otros terrenos científicos, en este caso de la física, más influyentes de la ciencia de su época, de su futuro inmediato y hasta la actualidad, generando una verdadera *revolución científica* junto con un cambio de paradigma, totalmente radical.

Ya siendo el año 1687, *Newton* presenta, en su *Philosophiae Naturalis Principia Mathematica,* su ley universal gravitatoria y postula que:

$$F = G \cdot \frac{m_1 \cdot m_2}{r^2}$$

En donde:
- $"G"$; es la constante gravitacional, igual a: $6{,}674 \cdot 10^{-11} \left[\frac{N \cdot m^2}{kg^2}\right]$
- m_1 y m_2 ; representan las masas de dos cuerpos
- $"r"$; es la distancia entre estos dos cuerpos
- $"F"$; es la fuerza de atracción entre esos dos cuerpos

Finalmente, *Newton* convierte la expresión anterior a su forma de *ecuación diferencial,* estrenándose de esta manera...,

$$F = \frac{d(mv)}{dt},$$

... y al fin, logrando resolver, por primera vez, el movimiento relativo entre dos cuerpos celestes en forma de *ecuación diferencial,* e inaugurando el inicio de la *Mecánica Celeste*; nunca más se dejaría de lado este tipo de inéditas y nuevas ecuaciones a la hora de predecir el movimiento de los astros, facilitando esto, el armado de modelos de otros acontecimientos y fenómenos físicos de la naturaleza; en otras palabras, otra verdadera y genuina *revolución científica.*

5.3- CASO: **ALBERT EINSTEIN**

Se sabe que *Einstein*, en algún punto temprano de su formación académica, enfrentó la crucial decisión de elegir su vocación entre la matemática y la física; en palabras de él:

- *"Veía que las matemáticas estaban parceladas en numerosas especialidades y cada una de ellas por sí sola podía absorber el breve lapso de vida que se nos concede. En consecuencia, yo me veía como el asno de Buridán, que era incapaz de decidirse entre dos gavillas de heno. Presumiblemente esto se debía a que mi intuición en el campo de las matemáticas no era lo bastante fuerte como para diferenciar claramente lo que era básico... Además, mi interés por el estudio de la naturaleza era sin duda más fuerte; y en mi época de estudiante no tenía aún claro que el acceso a un conocimiento profundo de los principios básicos de la física depende de los métodos matemáticos más intrincados..."*

De todas formas, *Einstein* supo darle el debido crédito que debe tener la matemática dentro de la física, afirmando: - *"Por supuesto que la experiencia retiene su cualidad de criterio último de la utilidad física de una construcción matemática; pero el principio creativo reside en la matemática"*-; la matemática le fue básica y fundamenta desde el inicio, a pesar de su elección o preferencia por la física.

De todas las teorías de las que *Einstein* encaminó, la totalidad lograron sobrevivir al paso del tiempo con rotundo éxito y, si no daba con matemática existente que satisficiera sus investigaciones, simplemente, con la correcta ayuda, reestructuraba matemática en vías de desarrollo que estuvieran siendo encaradas por otros físicos matemáticos; la incipiente *geometría riemanniana,* es un ejemplo de esto último; no solamente el genio creador de la *Teoría de la Relatividad* tuvo este modus operandi, sino muchos de sus contemporáneos y otras grandes mentes brillantes como él.

En sus trabajos, *Einstein* necesitaba, aunque en parte, y debido a su preferencia por la física, no más que una simple *formalización matemática* en sus razonamientos, motivo por el cual era de recurrir a pedir ayuda a sus amigos no físicos, es decir matemáticos.

Tengamos en cuenta que en aquella época eran muy comunes las comunicaciones vía correspondencia por correo postal, muy distinto a hoy día, claro está. Su mejor amigo, desde las épocas de estudiantes, fue un matemático de nombre *Marcel Grossman,* joven de mente brillante y muy puntilloso, que, a diferencia de su viejo amigo de estudios, él sí asistía sin faltar a ninguna clase y tomando los correspondientes apuntes; es quién intuyó, desde muy temprano, del gran talento e intelecto de su amigo *Albert*, haciéndose inseparables por aquellos tempranos tiempos de sus formaciones académicas.

Einstein, podría decirse que obtuvo su título, en el año 1900, gracias a los apuntes muy detallados, completos y claros, facilitados por su puntilloso amigo *Grossman,* y que hizo posible que pudiera estudiar de esas clases a las cuales casi nunca asistía.

En el desarrollo de su *Teoría de la Relatividad*, le fueron claves las geometrías no euclidianas, nacidas un tiempo antes por métodos matemáticos, por ende, totalmente abstractas, al principio rechazadas por la comunidad matemática de su época; sin embargo terminaron siendo toda una revolución que sacudió los cimientos geométricos implantados por el mismo *Euclides*; cuestionando al legado *euclidiano* en su quinto postulado, el que reza: -*"dada una recta y un punto exterior a la misma, existe una sola paralela que pase por dicho punto"*-, el mismo axioma del cual hasta *Euclides* siempre había sospechado sobre verdadera naturaleza.

A lo largo de los siglos, muchos osados matemáticos hicieron el intento de demostrarlo, aunque siempre tratando de deducir a éste, pero partiendo de los anteriores cuatro postulados, también fueron escritos por *Euclides*. Tras siglos de muchas fallidas demostraciones que, sin embargo y al final, dieron lugar a revolucionarias, nuevas e inéditas geometrías, como la geometría hiperbólica y la geometría esférica, cuyos creadores y desarrolladores fueron genios de la talla de *Nicolai Lobachevski (1792-1856), Janos Bolyai (1802-1860), Eugenio Beltrami (1835-1900)* y *Felix Klein (1849-1925)*, quienes mostraron un nuevo horizonte a los matemáticos, que soñaban con crear universos modelados matemáticamente.

Todos ellos, sumados a otros tantos matemáticos como *Christoffel (1829-1900), Gregorio Ricci (1853-1925), Civita (1873-1941)* y *Riemann,* les bridaron a *Einstein* la matemática que él mismo había solicitado, a medida y con el objetivo de poder así completar su famosa *Teoría de la Relatividad Especial (1905),* primero, y la *Teoría de la Relatividad General (1915),* después; hubo otras grandes mentes que influenciaron sobre él como *Hermann Minkowski (1864-1909), Hilbert, etc.*, ellos también, pronto se harían notar en las teorías en las que *Einstein* se embarcó; tanto es así, que no tardó en considerar a la matemática como la esencia de la vida y, desarrolladora de sus trabajos más brillantes.

Intelectualmente nunca dejó de apoyarse en su amigo *Grossman*, ya que éste siempre lo volvía a buen puerto cuando se metía en algún berenjenal matemático, además de haber sido una muy importante y cercana influencia para *Einstein*, quien haciendo uso de su intuición, una formación sólida en física y usando las herramientas de la matemática, revolucionó al mundo y a la ciencia con una teoría única, inédita y que lo transformaría, ya sea desde lo filosófico, pasando por el matemático, poniendo en vilo a la física misma.

En 1902, año en el que *Albert* ocupaba un modesto puesto de trabajo en una oficina de patentes, le prometió a la revista *Annalen der Physik* hacerles llegar una serie de trabajos científicos y repartidos estos, entre lapsos o períodos de tiempos suficientes como para poder completarlos uno a uno, entre entrega y entrega.

Algunos de esos trabajos trataban de investigaciones del tipo termodinámico, en temas que por entonces, el austríaco *Ludwig Boltzmann (1844-1906)*, también los estaba trabajando y desarrollando, aunque en otros sentidos y en conceptos probabilísticos; pero *Einstein,* no solamente tuvo la genialidad de dominar varios aspectos en sus trabajos sobre la termodinámica, sino que terminó *innovando* y *creando* expresiones junto con otros conceptos matemáticos, también de nivel estadísticos y en esos mismos temas de investigación.

Einstein estaba en terrenos, sin que él lo supiera, siendo ya explorados por el estadounidense *Willard Gibbs (1839-1903);* esto nos da la pauta de cómo, en forma autónoma, lograba dominar muchos aspectos de índole matemáticos y no solo eso, sino que con su autodidactismo lograría enlazar toda una naciente disciplina termodinámica, a la matemática estadística genialmente creadas a tal fin por él mismo, ya que la matemática y las bibliotecas especializadas a su alcance, en ese momento, le resultaban insuficientes e incompletas para darle el empuje que consideraba necesario a sus desarrollos e investigaciones.

En 1905, *Einstein* pareció ser iluminado por una esas divinidades que adoraban los antiguos griegos; fue su año y el año del *siglo XX,* y así como la *Edad Media* tuvo su año maravilloso, *1665,* en el que *Newton* decidió dejar de asistir a *Cambridge* para ir a vivir a *Woolsthorpe*, lugar donde nació, lejos de la peste que asolaba a *Europa* y en el que desarrolló su máxima creación, *El Cálculo;* aunque en verdad, *Einstein,* mucho más acá en el tiempo, todavía no llegaba a una completa iluminación sobre su famosa *Teoría de la Relatividad*; aún era consciente de que le faltaba de hacerse las preguntas correctas.

Una buena pista, le surgió al indagar muy a fondo sobre un fenómeno por entonces conocido y muy particular; se preguntó cómo podrían los científicos obtener una fórmula matemática en el estudio de algo que comenzó con una simple observación; la que describía el brillo, a diversas temperaturas, que resulta de calentar un trozo de hierro a partir de baja temperatura; es decir, este hierro comenzará a calentarse cada vez más, al ir aumentándole la entrega de calor, entonces empieza a cambiar del color hacia el rojo pálido, luego hacia el naranja, amarillo y blanco azulado. Lo que llevaba a *Einstein* a hacerse ese interrogante, no lo dejaría conforme con un simple abordaje experimental en el que en definitiva sólo resulte en el armado una simple tabla de brillos y colores, para que con sus resultados, lograr esa relación matemática; aunque igual resultare valedera y como buen físico teórico que era, no le alcanzaría, para llegar a un total convencimiento, unas simples tablas numéricas, por el contrario, regresaría a los estudios teóricos ya conocidos sobre la teoría del calor para deducir la fórmula matemática a partir de ello.

También se sabía algo que había deducido *Newton* sobre la materia y la luz, a ésta última la entendía conformada por partículas; pero otro físico, su contemporáneo holandés *Christian Huygens (1629-1695)*, se había formado una concepción muy distinta al visualizarla como onda, o sea, nada tan lejos de la teoría de luz como formada por partículas, tal cual era la idea del inglés; aunque con todo y esto, *Huygens* no logró convencer a su época, por lo que *Newton* siguió predominando con su teoría corpuscular.

Thomas Young (1773-1829), ya en el *siglo XIX* había experimentado el fenómeno de *interferencia* de la luz, apoyando con esto la teoría de su naturaleza ondulatoria y, años después, el físico francés *Augustín Fresnel (1788-1827),* sumó pruebas en contra de la teoría de *Newton* sobre las partículas para explicar la luz; la confirmación experimental final la dio en 1819 el físico danés *Hans Christian Oersted (1777-1851);* luego el físico matemático francés *André Mane Ampere, (1775-1836),* la dotaría de una teoría brillantemente matemática.

Mientras tanto, un poco más acá en el tiempo, el investigador inglés *Michael Faraday (1791-1867),* seguía haciendo avances en el campo experimental conciliando los fenómenos de la electricidad y el magnetismo; él, aún con notables falencias en su preparación matemática, pero de gran intuición en el terreno de la física, y pensando en *términos* de *campo y líneas magnéticas,* ya lograba enormes avances, aunque en esos *términos* con los cuales físicos y matemáticos de la época no se dejaban convencer aún; pero un tal físico escocés *James Clerk Maxwell*, (1831-1879) lo entendió perfectamente a *Faraday*, allá, por el año 1863. *Maxwell* visualizó muy bien la teoría de *Faraday,* otorgándole expresiones matemáticas que hoy se conocen como *Las Ecuaciones de Maxwell* y que tratan sobre el campo electromagnético; su corolario fue otra *revolución* en la ciencia, ya que concilió matemáticamente a las ondas electromagnéticas, con la luz, concluyendo en que ambos son de la misma naturaleza; más aún, son el mismo fenómeno y el cual recién se pudo confirmar en el año 1888, unos años después de su fallecimiento.

5.4- CASO: **MAX PLANK**

En uno de esos artículos, de los que el propio *Einstein* había prometido publicar en la revista *Annalen der Physik* en tandas o series, sobresalió el que trataba sobre termodinámica y teoría de los gases; allí describía el calor como choques de partículas microscópicas entregando energía de movimiento e interna a su sistema; por el año 1900, el ya consagrado físico alemán *Max Planck (1858-1947)*, oyó de él y sus innovadoras teorías mientras trabajaba en resolver, tanto física como matemáticamente, un fenómeno que denominó como el resplandor de un *cuerpo negro caliente*, que en principio no era otra cosa que la idea matemática, llevada a estadios ideales, de la incandescencia del hierro.

Con anterioridad ya había creado una fórmula matemática para *valorizar* la intensidad de cada color con el que resplandecía el cuerpo negro, o lo que es lo mismo y con palabras de físicos, el cómo valorizar la energía en forma de radiación, en función de la frecuencia de cada color, algo que le resultaría más adelante en un verdadero dolor de cabeza.

Dicha fórmula no le resultaba válida en su aplicación a todas las frecuencias, sino que sólo lo era para valores altos de ésta, pero gracias a su buena capacidad e intuición matemática, él, a pesar de que era físico y no matemático, desarrollaría otra fórmula de la radiación del cuerpo negro y que aún hoy día es válida; aunque en rigor de verdad, *Planck* era consciente, en que había incurrido en especulaciones al introducir algunos artilugios matemáticos para llegar a esta nueva formulación exitosa, por lo que al tiempo, aun no estando convencido de ello, se vio presionado de darle sentido físico a su expresión y, para esto, *Planck* tuvo que *crear matemática nueva*, es decir, la que necesitaba para cubrir esta necesidad de llevarla al mundo físico; un laborioso trabajo que, según sus propias palabras, fueron las horas más intensas de su vida.

Al final dio con la solución, obtuvo su fórmula matemática, y no solo eso, sino que lo hizo brillantemente deducida de principios físicos, aunque esto le generó otro problema, ya que la matemática le dio una respuesta, pero inmediatamente le devolvió nuevos problemas.

Resultó que, contra toda intuición y a nivel microscópico, las oscilaciones de las partículas parecían suceder en forma no continua, esto significaba ni más ni menos que esas energías oscilatorias tenían comportamiento discreto, o como la imaginaron entonces, pegan verdaderos y literales saltos discontinuos reales, así es, el anteriormente anunciado dolor cabeza de *Planck*.

Es como si de repente uno deba explicar a alguien el por qué, en nuestra casa, la electricidad estuviera viniendo por los cables en cantidades exactas, (en pequeños paquetes) y no en un solo flujo continuo, razón por lo cual, por ejemplo, la lámpara de escritorio se estaría prendiendo y apagando intermitentemente, ya que recibiría electricidad en pequeñas cantidades discretas desde dentro del cable eléctrico; un completo sinsentido.

Entonces, que la proporción de la *energía entre la frecuencia oscilatoria* hayan tenido el mismo valor para cada salto, y al introducir en sus ecuaciones un valor al que llamó *"h"*, la famosa *Constante de Planck,* la misma que le dio significado al nacimiento de los *quanta,* término que utilizó *Planck* para bautizar a esos pequeños *paquetes de energía,* lo hizo uno de los fundadores de la *Física Cuántica,* uno de los constructores de este hito en la historia de la humanidad, toda una revolución que cambió el paradigma establecido de su época y transformando para siempre matemática, física y a la ciencia toda.

5.5- *Síntesis al Capítulo V*

En este capítulo se vio que los *enigmas*, sobre todo las *anomalías,* ambos conceptos de concepción *Kuhneana*, son una constante que sucede todo el tiempo en la historia de la matemática y de la ciencia. Hemos observado que aún en las primeras horas del desarrollo de la era espacial, por lo menos en matemática, no estaba todo escrito, y además todavía tenía mucho que decir, solo necesitaba de mentes que la indaguen allí, donde nadie había indagado antes, para de esa manera extraerle a este universo sus secretos, tanto físicos como matemáticos.

EPÍLOGO

-Hemos realizado un largo recorrido por los senderos de la *historia de la matemática* para que, con mucha cautela, descender a sus "valles y cañones", pudiendo así ahondar en *su evolución, desarrollo y propia naturaleza.*

Se puede decir que la influencia de las corrientes de pensamiento sobre la matemática, surgidas éstas poco después de haber nacido la matemática como tal, en parte, la fue moldeando en el transcurrir del tiempo, tomando forma y fuerza al ir apareciendo las primeras civilizaciones, y llegando a ser culmine con la llegada de la filosofía, ese deporte mental favorito de los habitantes de la *Antigua Grecia* y además, producto de su propia invención.

A partir de allí se hicieron innumerables las cantidades, tanto de filósofos, estudiosos de la naturaleza y el universo, matemáticos, corrientes y líneas de pensamiento sobre distintas disciplinas; ninguna de ellas dejaría de condicionar la actividad teórica y que se da en la matemática en forma constante, aunque no necesariamente uniforme. Como ya vimos, todas las líneas de pensamiento tienen algo que decir, objetar, declarar y hasta corregir, no solamente dirigido hacia esta disciplina, sino que a veces y encarnizadamente, también sobre sus otras corrientes rivales.

Es lógico entonces, que siglos tras siglo estas discusiones entre líneas de pensamiento sobre cuestiones de la evolución de la matemática, que se dan en varios terrenos, sobre todo en el matemático filosófico, se hayan incrementado constantemente, tanto es así que en pleno *siglo XXI* aún continúan poniendo en jaque a esta noble ciencia.

-Las ramas que hacen a la ciencia, entre las que obviamente se encuentra la propia matemática, son precisamente eso, ramificaciones, aunque variadas, distintas y conectadas por nacimiento como disciplinas a la ciencia madre; a veces se han originado unas dentro de las otras y algunas hasta aparecieron repentinamente y totalmente inéditas; fueron naciendo a medida que el ser humano avanzaba en su propia historia, tanto social como tecnológica. Todas, en mayor o menor medida, peculiarmente resultaron con distintos grados de apatía hacia la ciencia matemática; un logro que hay que reconocerlo, en parte se lo ha fomentado ella misma; tanto así que, hasta su más cercana e inseparable pariente, su ciencia prima, la física, también posee cuestionamientos para objetar a la matemática, como ser, sus niveles de pragmatismo.

Así es, está en la naturaleza de la matemática lograr expresiones, teorías, hipótesis y desarrollos de alta abstracción teóricas, pero al fin y al cabo lo que más necesitan de ella, es que les entregue resultados pragmáticos; aunque eso no significa que no los tenga y de una genialidad y sencillez que aún siguen maravillando a la humanidad.

-Desde las primeras páginas de este libro y al ir avanzando en sus sucesivos capítulos, hemos descubierto cualidades extraordinarias de la matemática, aún si se tienen en cuenta las presiones, los servicios y hasta concesiones, que le ha representado y todavía le representan el interactuar con las demás disciplinas científicas; vimos que éstas casi no le dan respiro ni margen de error, lo que le ha significado el que vaya dejando "retazos" de matemáticas por los caminos de la historia de la ciencia, y que fueron irremediable aunque a la vez brillantemente recogidas por las generaciones que les siguieron de esmerados matemáticos; obviamente, también recibió críticas por ese descuidado, aunque pensado y calculado accionar.

Es necesario decirlo, a veces esos desarreglos matemáticos cobraron o llevaron el sello de nombres propios, tales como por ejemplo, los que han involucrado a genios físicos y matemáticos de la talla de *Newton*; este último, pese a su prodigioso intelecto, fue uno de los que dejó en su momento para las futuras generaciones de matemáticos, el resolver algunos de esos "retazos" de matemática que sobraron de teorías como *la gravitación universal*, tal como lo hemos visto y desarrollado en el correspondiente capítulo.

Lo cierto es que hay que reconocer que, así y todo, la matemática no ha dejado nunca de ser un *respaldo,* poderoso y por excelencia, de la ciencia que solicite sus servicios y, se podría decir, que en ese sentido nunca les falló; sea la época o la ciencia que sea, no encontrarán ejemplo alguno de que alguna vez la matemática haya defraudado.

-Pudimos intuir entonces, lo que significa verdaderamente la matemática en el cuerpo de la ciencia; y si algo aún faltaba, en el *capítulo IV* descubrimos al fin, qué al indagar más profundamente en su propia naturaleza, encontraríamos la forma de cómo decodificar su ADN, ese que le pertenece y que solo es posible percibirlo viajando muy en el interior de la matemática misma.

Ahora podemos decir con seguridad y gracias a la ayuda que nos brindaron las distintas corrientes de pensamiento de la filosofía de la matemática, pero más aún con la ayuda inestimable de la obra, concepciones, términos y conjeturas del pensamiento de la línea *Kuhneana*, que la matemática es la disciplina más importante, influyente y trascendental de la humanidad y de su *Ciencia Toda,* al fin y al cabo, es su obra maestra como la ciencia absoluta que es; conformada esta, en *líneas secuenciales temporales* en serie, a las que *Kuhn* denominó *ciencias normales*; y ese fenómeno es por lo que la matemática resultó ser un mecanismo secreto, el puente que, hizo y todavía hace avanzar a la ciencia, al hacerla transitar desde una *ciencia normal* a la que le sigue inmediata y secuencialmente, en un ciclo interminable; es así que logra mantenerla actualizada, vigente en el tiempo y trascendiendo al ser humano, el que ya no puede controlar la dirección o rumbo que toma ella, su propia creación, la *Ciencia*.

Es entonces que como si de un organismo vivo se tratase, la ciencia pone cada tanto, en su historia, escollos matemáticos a las realidades físicas, para que los matemáticos e investigadores, en su rutinaria tarea de resolución de *enigmas*, puedan encontrar en ellas las *anomalías* caprichosas con la que la ciencia reta al ser humano, y a todo ser pensante que ose desafiarlas.

Descubrimos así una consecuencia muy importante y fundamental que va cerrando nuestro derrotero en la lectura de este libro; los cambios científicos paradigmáticos sucedidos a lo largo de la historia, tuvieron mucho más que ver con la matemática de lo que se ha dejado traslucir; también nos quedó más en claro cómo es que a ella se la *crea*, *inventa* o se la *descubre*, según sea la línea de pensamiento filosófico en la que uno se ubique.

Efectivamente, surge entonces, con cada *anomalía* que vaya apareciendo en las investigaciones científicas, todo un *potencial de cambio* o capacidad de revolucionar a la ciencia, a través de una inevitable y venidera matemática totalmente nueva; una que no existe en su contemporaneidad y además con muchas probabilidades de provocar un gran impacto a las fundaciones, bases y estructuras de la ciencia o *ciencia normal* que esté rigiendo, y transformarla de esta manera en forma totalmente revolucionaria.

-Por suerte los casos sucedidos y que cambiaron paradigmáticamente a la ciencia a través de la matemática, a veces aliada con la física, la química u cualquier otra, están muy bien documentados en la historia, como la gran mayoría de las actividades científicas. Gracias a ello, al haber elegido algunos de los más sencillos ejemplos, pudimos demostrar cuán asequibles pueden ser para la gente toda y con mediana preparación matemática como para ser ampliamente comprendidos; pero aún y más importante, es la gran oportunidad de devolverle *su historia* a la matemática misma, trasladando todo ese bagaje que ella lleva latente dentro de su estructura e historia, hacia el gran público, logrando una divulgación con una visión más integral, que no debería de traducirse como un socavón, o sacrificio de *matemática pura* durante la ejecución de llevar a cabo semejante emprendimiento.

-*Finalmente*: Hemos llegado a una convergencia oportuna para realizar una idea de cierre, resultado de un seguimiento puntilloso de todo lo plasmado en cada uno de los capítulos, ya sea desde la misma introducción, pasando por el desarrollo de cada uno de los capítulos y hasta las síntesis parciales, al final de cada uno de ellos; en fin, éstos, entre sí, articulados, cuestionados, reescritos y corregidos, nos han servido para llegar a obtener la idea de *matemática* que ahora poseemos; la de una matemática casi viviente, recelosa, autodefensiva y hasta conspiradora a "solicitud" de su *Ciencia Madre*; pero algo que nunca hará, será defraudar una investigación científica, sea de la disciplina que sea.

Para lograr un último capítulo más ilustrativo, le extrajimos a la matemática, algunos cortos extractos poderosamente concretos y específicos en forma de ecuaciones, expresiones y métodos matemáticos, los cuales una vez filtrados en el tamiz de algún genio en la materia, pudimos descifrarlos en algunas de las últimas páginas de este libro; de esta manera no solamente le llegó al lector también un mínimo conocimiento puramente matemático, para así poder ir cerrando la lectura en un último capítulo, sino que a la vez fue descubriendo toda una maravillosa e histórica travesía que hizo ese conocimiento, para ser depositado en sus propias manos y llegar a formar parte de su propio bagaje de conocimientos; estos ya son suyos para toda su vida; un objetivo cumplido de este libro.

Y por qué no, con la esperanza latente de que alguien de entre este público lector, pueda, tal vez en un futuro cercano, llegar a formar parte de los que conciban una matemática casi como un organismo viviente, con la oportunidad de investigarla hasta lograr ser uno de esos matemáticos que lleguen a decodificar, al fin, la totalidad del *ADN de la matemática.*

BIBLIOGRAFÍA

Arroyo, Eduardo. *El Principio Antrópico.: ¿Puede nuestra existencia determinar las leyes del cosmos?* Navarra (España): RBA coleccionables S.A, 2016. (Colección: "Un paseo por el cosmos") ISBN: 978-84-473-8786-1

Banesh, Hoffmann. *Einstein.* Barcelona (España): Salvat Editores S.A, 1985. ISBN: 84-345-8145-0

Casado, Javier. *Rumbo al Cosmos.: Los secretos de la astronáutica.* San Francisco (California): Independently Published, 2018. 462p. ISBN: 978-84-614-7382-3 //1720150710 // 9781720150718

Dille, John. *Hablan Los Astronautas.* Buenos Aires, (Argentina): Tipográfica Peuser, 1963, 344p. ("Colección Libros Centenario").

Argentina, (Bs.AS). Diseño Curricular para la Educación Secundaria: ESB, Dirección General de Cultura y Educación de la Provincia de Buenos Aires

Kasner, Edward; Newman, J.; *Matemáticas e Imaginación.* Buenos Aires (Argentina): Ediciones Hyspamérica, 1985. 377p. (Colección: "Jorge Luis Borges, biblioteca personal") ISBN: 84-85471-55-5

Kuhn, Thomas. *La Estructura de las Revoluciones Científicas.* D.F. México: Fondo de Cultura Económica, 1971. 319p. ISBN: 978-607-16-0825-3

Lerner De Zunino, Delia. *La Matemática en la Escuela: Aquí y ahora;* Quilmes (Buenos Aires): Aique Grupo Editor S.A, 1998. 247p. ISBN: 950-701-116-1

Olalquiaga, Pablo; Olalquiaga, A. *El Libro de las Curvas.* (España): Fundación Esteyco, 2005. 243p. ISBN: 84-933553-0-5

Sampieri, Roberto.; Collado, Carlos.; Baptista, María Del Pilar. *Metodología de la Investigación.* DF (México): Ed. Mc. Graw Hill Educación; 2010. ISBN: 978-607-15-0291-9

Venturi, Alejandro. *Los Matemáticos que hicieron la Historia.* 3°ed. Buenos Aires (Argentina): Ediciones Cooperativas E.C, 2010. 448p. (Colección: "El número de Oro") ISBN: 978-987-1076-29-1

Whitley, Richard. *La organización intelectual y social de las ciencias.* Bernal (Bs. As.): UNQ, 2012, 432p. ("Ciencia, tecnología y sociedad") ISBN: 978-987-558-250-7

Zúñiga, Ángel Ruiz. *Matemáticas y filosofía.* Costa Rica: Ed. UDCD, 1990, 177p. ("Estudios logicistas").

ARTÍCULOS:

"Sobre matemáticas y física: Una conversación con Sir Michael Atiyah": Revista española de física. Julio de 2018. N°32-3

CINE:

Melfi, Theodore (Director). (2016). *"Talentos Ocultos".* EEUU. Cinematografía: Mandy Walker;

Howard, Ron (Director). (1995). *"Apolo XIII".* EEUU. Productora: Imagine Entertainment

Philip Kaufman (Director). (1983)- Elegidos para la Gloria. EEUU. Productora: W.B

www.ingramcontent.com/pod-product-compliance
Lightning Source LLC
Chambersburg PA
CBHW070637220526
45466CB00001B/208